记忆宫殿

从入门到精通

石伟华◎著

中国纺织出版社有限公司

内 容 提 要

本书介绍了世界记忆大师和所有记忆高手都在用的记忆方法——记忆宫殿，它也叫作宫殿记忆法，可以高效记忆大量庞杂的文本和信息。为了讲述得更加生动，使读者有代入感，作者编织了一个故事：主人公恩如何学会记忆宫殿，在学习中怎样使用记忆宫殿提高成绩和效率，针对记忆文本怎么建立有针对性的记忆宫殿，还有编外篇介绍记忆类的绝技绝活。知道记忆宫殿是怎么回事并不困难，难的是花费大量的时间和心力去刻意练习，就像恩一样，但掌握记忆宫殿就像学会游泳，一旦掌握就终身拥有并受益。

图书在版编目（CIP）数据

记忆宫殿：从入门到精通／石伟华著. --北京：中国纺织出版社有限公司，2022.9
ISBN 978-7-5180-9629-9

Ⅰ.①记…　Ⅱ.①石…　Ⅲ.①记忆术—通俗读物　Ⅳ.①B842.3-49

中国版本图书馆CIP数据核字（2022）第108776号

责任编辑：郝珊珊　　责任校对：高 涵　　责任印制：储志伟

中国纺织出版社有限公司出版发行
地址：北京市朝阳区百子湾东里A407号楼　邮政编码：100124
销售电话：010—67004422　传真：010—87155801
http://www.c-textilep.com
中国纺织出版社天猫旗舰店
官方微博 http://weibo.com/2119887771
鸿博睿特（天津）印刷科技有限公司　各地新华书店经销
2022年9月第1版第1次印刷
开本：710×1000　1/16　印张：17.5
字数：298千字　定价：78.00元

多年来，一直想写一本介绍记忆方法和学习方法的书，但却总担心读者没有兴趣读下去。方法写得再好，也容易被人随意翻过，然后束之高阁。

所以我决定写一本故事书，让大家在读故事的过程中学会世界上较为流行的官殿记忆术，学会高效的学习方法，不断开发自己大脑的潜能。我大胆地采用了小说的手法，让读者在欣赏一个传奇故事的过程中不知不觉地掌握官殿记忆法的精髓和奥秘。

我真心希望各位读者不要纠结于书中故事的合理性和情节的连续性。我只是希望通过这种方法，让大家有兴趣坚持把这本书读完，能够更加全面、真实地了解官殿记忆法；也真心希望各位读者在阅读的过程中，不要沉浸于情节的发展而忽略了记忆法的内容。希望大家能把自己置身于主人公的位置，和主人公一起学习，一起训练，一起体验。只有你能够感同身受了，你才能从中受益，才能真正地发现记忆官殿的秘密。

我会努力认真去写，希望大家认真去读。

我们的故事，从一个叫"恩"的少年开始。

恩是个问题少年。老师不喜欢他，同学不喜欢他，连爸爸妈妈也不喜欢他。他曾经努力过，但是成绩就是上不去，恩放弃了努力，开始沉迷于网络游戏，但是没有人能了解恩内心的痛苦。直到有一天，恩偶得一本叫作《记忆官殿》的秘籍，秘籍中关于记忆大师的记载深深地吸引了他。但秘籍上面的字迹模糊不清，好多页码也已经残缺不全，唯一能看清的是一串神秘的数字。这串数字意味着什么？为了找到问题的答案，恩开始了神秘的探险……

林子，恩的妈妈，因为恩而患上了焦虑症，工作、生活也变得一团糟，直到有一天，她……

故事的齿轮开始旋转。

少年恩已经出发了。

恩　某中学七年级学生。天资聪颖，智商过人，却生性叛逆，不喜欢老师死板的教学方法。他的成绩几乎垫底，让老师和妈妈非常头疼。后得"武林秘籍"一本，并偶遇高人，得宫殿记忆法真传。一年后成功逆袭，并开始带领自己的死党实现"咸鱼翻身"。

林子　恩的母亲，半个单亲妈妈。

珊　传说中的邻居家的孩子，真正的学霸。表面性格孤傲，内心却善良。有自己独特的学习方法，成功帮助自己的闺蜜打入第一梯队。

小克　恩的死党，富二代，贪玩好吃。成绩垫底，但对恩佩服且崇拜。在恩的影响下学习宫殿记忆法，成功摆脱逆境，成绩稳步提高。

素素　乖巧女孩，成绩平平，不喜欢显山露水。没有自己的见解，喜欢随波逐流。

大玲　小克的妈妈，富婆，标准的"女汉子"。性格耿直，脾气暴躁。

Contents
目 录

Chapter 3　思考篇

Chapter 4　回归篇

Chapter 5　扩展篇

Chapter 6　实战篇

Chapter 7　编外篇

附录

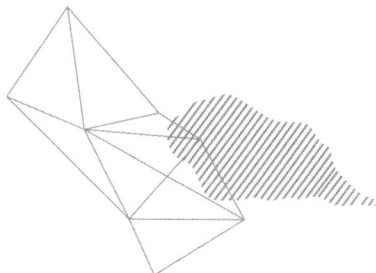

时间是假的，人物是假的，

连其中的地点都是假的。

但是故事不是假的。

因为这不仅是故事，

更是我们几万学生多年走过的一条路，

一条追寻记忆宫殿理念的路，

一条追求高效记忆方法的路，

一条自我成长的路。

所以，再假的故事，也是真的。

那就让我们跟随回忆，

从故事开始的那个时间点说起吧。

悲情传说

雨已经下了3个小时，丝毫没有要停的意思。

夜里11点了，路上的车渐渐地少了，积水却慢慢多了起来。透过窗户向大街望去，已经见不到路人，大部分的商店也已经打烊了。只有网吧、理发店和一些24小时营业的快餐店还亮着灯。

恩已经在电脑前坐了十几个小时，砍砍杀杀的游戏也无法让少年恩提起兴趣。他根本不痴迷于网络游戏，只是到里面胡乱地发泄一番而已，发泄完了，也就不再觉得有什么意思。慢慢地，眼皮开始不听话，恩犯起困来，不知不觉地趴在键盘上睡着了。

一道闪电划过后紧跟着咔嚓的雷声，室内的灯跟着忽闪一下，紧接着显示器忽然一黑，电脑又重启了。

恩用力拍了一下键盘，随口骂了一句："这是什么破电脑！"无奈地等着电脑重新启动。

"老板，怎么回事！"有人站起来冲着老板大吼。老板无奈地说："一打雷电压就不稳，我们也没办法。我还担心把电脑烧了呢！要不大家先回吧，今天晚上给大家免单，算我请客！"

恩狠狠地拍了一下键盘，起身走到柜台前，拿走自己借来的身份证，问道："有伞吗？"

"伞已经被借光了，还有件雨衣。"

"不用了"，恩说完，冲进了雨里。

今天是一个学期的结束，也是假期的开始。对于大部分的孩子来说，这是个愉快的日子，可以把一切都抛开，痛快地玩一个晚上，而不用在父母的唠叨中做作业，更不用在不停的催促中上床睡觉。

恩不想回家，也不想和那些个子已经接近成人，内心却还幼稚的同学玩。全班47名同学，除了珊之外，所有人在他眼里都是笨蛋，包括他的死党小克。

恩和老妈说今天住在小克家，然后就去了网吧，从早上8点到现在，除了出来买了块面包、上了趟厕所，恩就再没离开过那把椅子。他就坐在那里，对着那个冷冷屏幕里的怪兽疯狂地发泄了十几个小时。他觉得很无聊，无聊透了，但是除了打怪兽，还能做什么？

恩不想回家，因为今天是公布成绩的日子。他知道自己不是倒数第一就是倒数第二，反正他和那个倒霉的胖子把最后的两个名额给包了。但是恩看不起胖子，因为胖子没有一门课能超过30分，而恩不一样，恩的数学和物理都能接近满分，这是不粗心的情况。恩是有能力考满分的，但是因为其他的文科都接近零分，恩觉得认真也没什么意义，也就敷衍了。

"你明知道自己记性不好，还不抓紧时间去背！"

"也不知道你的脑子是怎么长的，怎么会一段也记不住？！"

"四句诗背了一小时还记不住，你说你笨到啥程度吧！"

……

恩就这样在雨中漫无目的地走着，闪电的轰鸣也没能掩盖耳边回响的妈妈的唠叨。

想起曾经无数次暗下决心要把文科补上，把需要记的知识全都背下来，但是自己努力了两个月也没有丝毫进步，反而让自己的心情越来越烦躁，连课也听不进去了。

想起自己曾经和同学打赌，一周内能记完100个单词，结果因为最后连30个也没记住，只好自己掏钱请5个人看了电影。

想起自己对珊发誓说，如果平均分上不了60分，以后就再也不和她说一句话，结果除了数学和物理接近满分外，其他的课程仍然都只有三十多分。

一辆车飞驰而过，拼命地按着喇叭，溅起的水花像海浪一样扑到恩的身上。

恩全身湿透了，脸上分不清是泪水还是雨水。"我也想考第一名！"是的，谁不想。"我也曾经努力过！"是的，天地可证。"可为什么我就是记不住，为什么？"他拼命地用手抽打着路边花丛里的花，"哗哗"的雨声把恩歇斯底里的咆哮无情地淹没了。这一夜，没有人知道恩去了哪里。这是一个普通的雨夜。对于恩来说，这也许是不寻常的一夜。也没有人知道曾经有一个叫恩的少年，在这样的一个雨夜里，想过什么，做过什么。

家长会是早上9点，林子在车上坐到8：50，卡着点进了教室。她知道儿子不是第一就是第二，倒数。她不喜欢听到别的家长谈论分数，谈论试题的难度，谈论孩子的强项、弱项。如果不是班主任不允许请假，她打死也不来开家长会，她觉得这是个让她丢人现眼的会。

她已经不再在意恩考了多少分、多少名，她不再对这个儿子抱有任何希望，只要他在学校期间别给自己惹是生非，她就谢天谢地了。

每到发成绩的这几天，她都懒得和儿子说话。她也知道自己对儿子批评和抱怨得太多，夸奖和鼓励得太少。可是当你攥着倒数第一的成绩单回到家，看到自己的儿子在那里和没事人一样疯狂地玩着电脑游戏的时候，难道还要温柔地跟他说："儿子，你玩游戏辛苦了，想吃什么老妈给你做去！"

林子越想越觉得委屈，自从老公出国以后，他们的婚姻基本上名存实亡。6年间他只回来过两次，每次也只待三五天。林子明白，他早晚会把他们娘俩抛弃了，自己在国外再找个金发碧眼的小姑娘。

林子也没有心情再去挽救这场婚姻，一切顺其自然吧。

她唯一头疼的是自己的儿子。在上三年级之前，儿子在班里虽然不是最优秀的，但成绩一直还可以。后来上了初中以后，他的成绩越来越差，除了数学、物理，其他课程都一塌糊涂。

林子真是不明白，数学、物理那么难的课程都能学好，简单死记硬背的课程怎么就学不好。

她给恩报过很多辅导班，也问过自己的好姐妹蔚儿。蔚儿的女儿珊是稳居年级前三名的学霸，除了语文，人家每门课考试的丢分都不会超过5分。同样是一个脑袋，为什么人家就能这么聪明？

林子进了家，重重地关上门，房间的空荡使关门的回声特别大。林子感觉自己的心也随着这重重的关门声上下颤抖。

她把攥在手里的一把试卷随手扔到了沙发上，试卷从沙发上掉下来，散落了一地。林子实在懒得去捡，懒懒地瞥了一眼，然后就不小心瞥到了……

八年级下学期期末考试历史试卷，满分100分。在总分那一栏里，用红笔赫然写着一个大大的"5"。

恩就这样在雨里漫无目的地走着，任凭雨水把自己浇了个透。透过这茫茫黑夜和胡乱落下的雨滴，整个城市看上去失去了原来的模样。

又一辆车飞驰而过，溅起的水花狠狠地扑到恩的身上。恩脑子里突然闪过一个可怕的想法："如果我突然冲上去，把自己交待于车轮之下，就此结束自己的生命，不知道这个世界还有谁记得我曾经来过。"

雨水没能冲走这个少年内心的烦乱，脑海中反复回响妈妈的唠叨、珊的嘲讽、同学的讥笑、老师的责骂、父亲的冷哼。恩觉得自己好孤单，也曾经想做个好少年，但一切努力都是白费。

恩简直要疯了，他开始疯狂地跑起来，沿着这条看不到尽头的路，疯狂地跑啊跑……

林子看着这张只有5分的试卷，实在不知道该哭还是该笑，100分的试题居然能考5分。她恨不得马上把这小子揪回来狠狠揍一顿，可是打也不止打过一次了，又起到了什么效果呢？

她越想越伤心，儿子几乎是她生命中唯一的希望，可是近几年他却没少给她惹麻烦。如果她的辛苦付出能换来儿子的好成绩，她也觉得这一切都值得，可到头来他给她回报了什么？难道就是这张只有5分的试卷吗？

她本想给蔚儿打个电话，诉说一下自己内心的苦闷，但觉得这实在是一件难以启齿的事，就放弃了。林子越想越觉得委屈，狠狠地把手机摔了出去，趴到床上号啕大哭起来。

恩知道自己上小学的前几年是个优秀的孩子，他自己也说不清楚是从什么时候开始慢慢退步的。但是有一件事，就算全世界的人都忘了，他也忘不了。

那是在小学五年级的时候，学校组织家长们来听老师的公开课。因为教室里突然多出了好多的家长，老师讲得更加卖力、认真。恩也和其他同学一样，希望自己在课堂上的表现能够让老师满意，更重要的是不能在家长面前丢人。

那天的课堂作业之一就是背诵一首古诗，是什么诗已经不记得了，只记得是一首只有4句20个字的短诗。

恩很快就背了下来，因为这是一首他在幼儿园期间就读过的诗，然后就等着老师提问自己。接下来，老师提问的时候，恩满心喜悦地看着老师，希望老师喊自己的名字。"今天很多家长都在，我希望同学们一定要争口气，别在爸爸妈妈面前丢人啊！"老师说，"哪位同学有信心，请举手！"

恩高高地举起右手，同时还有很多同学都举起手，老师环顾一周，最后果真叫了他的名字。恩很是兴奋，赶紧向后挪一下椅子站起来。可是就在这时，不幸的事发生了。

不知道椅子上什么时候多出了一根扎人的刺，就在恩挪动椅子的时候，狠狠地扎了他的食指一下。恩赶紧抽回了手，低头一看，一股鲜血已经从手指头上慢慢流了出来。

恩赶紧用拇指去压住流血的伤口，钻心的疼痛感让恩紧紧地咬着牙齿，再也说不出一句话。

"恩同学，举手了站起来怎么不背？"

恩抿了几下嘴，剧烈的疼痛感让他没能说出一个字，他无奈地低下了头。

"你真行，是故意捣乱还是站起来就忘了？"老师长叹了一口气，"快坐下吧，别站着丢人了！"

恩羞愧地坐了下来，眼泪充满了眼眶。

放学后，林子拉着恩急匆匆地回了家。一路上，林子没有和恩说一句话，回到家把包往沙发上一扔，跑到自己的卧室一躺，就再也不管恩了。

恩知道自己让妈妈丢脸了，看到妈妈生气的样子，他没敢说一句话，也没敢提自己手指被扎破的事。他默默地拿起自己的书包，进房间写当天的作业。其实当天的作业很少，恩一会儿就写完了，但是他没敢从自己的房间里走出来。

恩从来没和任何人讲过自己那次背不出古诗是因为手被扎破了，包括妈妈。他觉得说了也没用，事情已经发生了。但是从此以后，恩再也没有主动举手回答过问题。即使被老师点名叫起来，恩也是敷衍几句，就算是有把握回答对的问题，恩也会轻描淡写地随便回答一下。总之在老师的眼里，恩不再是一个好学生。在妈妈的眼里，恩也不再是一个优秀的孩子。

自从上初中以来，妈妈给恩报了很多的补习班，希望能把他落下的课程补一补。特别是假期，更是天天让他上补习班。但是恩一直认为，像历史这类的课程，如果记不住，找再好的老师补习也没什么效果。这不像数学、物理这类的课程，理解不了可以找老师再讲解，看不明白可以找老师多讲几遍。但是记不住，有什么办法？

恩觉得妈妈给自己报补习班不仅是在浪费钱，更是在浪费自己的时间。恩觉得同样的时间、同样的钱，完全可以去做更多更有意义的事。比如去旅游，和同学们一起去探险，去参加各种户外活动，或者买一件更好的运动服，哪怕是去打篮球、踢足球，也比被逼着坐在一个小屋里听老师刻板地讲那些历史题目要强得多。

恩很想告诉妈妈："我不想学，你请再好的老师，花再多的钱也是白费。"

初中以来，恩的成绩越来越差，林子很是着急，看到恩每天吊儿郎当、满不在乎的样子她就来气。她好话、赖话都说尽了，可恩就是没有任何改变。为了能让恩的文科补上去，她到处打听最好的历史老师、最好的政治老师，不管别人报价多高，她都从其他地方把钱省出来让恩去补习。

可是一两年下来，恩的成绩根本没什么起色。

现在，看到试卷上那个大大的"5"分，林子几乎要崩溃了。

她感觉自己能做的已经全部做了，她再也想不出什么更好的办法来帮助恩提高这几门课的成绩。如果是其他的事情，林子早就替恩去做了，唯独学习不行。

林子帮不了恩，经常因为这事失眠，工作的时候也老走神。她觉得恩是自己的所有希望，如果恩成了一个问题少年，自己的人生可能也就这么跟着完了。

林子的精神状态越来越不好，经常性的失眠和焦虑使她整天萎靡不振，同事们说她脸色很不好。她自己知道问题出在哪里，可是谁又能救得了她。

林子觉得自己应该带恩去看心理咨询师，或许心理咨询师能帮得了儿子。

想到这里，林子拿起手机，给刘红打了个电话。希望刘红能帮她找到一位擅长解决青少年心理问题的心理咨询师。

事情很顺利，她成功预约了这位心理咨询师第二天上午10点的时间，这是林子最后的希望了。

林子觉得特别累，不是身体累，而是心累。正好今天晚上恩去同学家了，她索性饭也不吃了，倒头便呼呼大睡起来。

奇书之谜

恩不知道自己在雨里走了多久，等回过神来时，他已经站在一家破旧的小旅馆门前。他又冷又累，几乎要打起冷战来。

"今晚是不能回去了。"他心里想着，不仅是因为他撒谎去了小克家，还因为他害怕自己又一次考砸的成绩单，更害怕面对妈妈失望的目光。轻声叹息着，他走进旅店要了一个最便宜的房间。

旅馆里散发着一种陈旧的味道，恩绕了一圈没有看见浴室，只能把湿衣服脱下来拧干后挂进衣柜里。当他打开衣柜的时候，一本书掉了下来……

恩顺手捡了起来，这是一本已经发黄了的书，书的封面已经没有了，可能是受潮或者被水泡过，书的两个角已经残缺了很多。

书的最后一页隐隐约约有一行字。根据模糊不清的偏旁部首，恩猜出了这行字的内容：有借有还，再借不难。正面看上去像主人的签名。

但是只看清一个大写的J，后面的字母看不清了，然后还有一串数字：297094257。恩从书脊处勉强看清了书名《超级记忆：破解记忆宫殿的秘密》。恩以为是一本小说，索性就看上几页。但是由于书页破损得太多了，恩只能半猜半读地了解书中的内容，但越是这样，恩就越想搞明白这本书中到底讲了些什么。

刚开始讲了一个似乎是很古老的传说。

传说古时候有个叫西蒙尼的人，在参加聚会的时候房屋倒塌了，西蒙尼有幸存活下来。其他人都死了，但是因为被砸得面目全非，他们的亲人无法辨认尸体。西蒙尼凭借当时就餐时候每个人坐的位置，回忆并找出了每个人。

这种记忆的方法后来被人们称作西国记忆法。

很多年以后，这种方法被一个叫利玛窦的人带到中国。利玛窦是意大利的一位传教士，于明朝万历年间来到中国，著有大量作品，其中非常有名的一本是教人过目不忘记忆术的书，这本书最初的名字叫《西国记法》。后来经过多次改编和修订，译成现代文后叫《记忆宫殿》。

看到这里，恩突然开始对这本书有了兴趣。这不正是自己苦苦追寻的一种方法吗？但是后面的好多页粘在了一起，恩试图分开粘在一起的那些页面，但却将书撕得更烂，根本无法阅读了。

恩只能粗略地把能够阅读的内容翻了翻，看到里面有人阅读时批注和标记过的痕迹。

"这本书的主人肯定已经认真阅读了这本书并掌握了这本书的内容。"恩想。

也许这本书上有他需要的东西，如果能找到这本书的主人，肯定能从他那里学习到这种过目不忘的记忆术！

恩重新躺到床上，想到这几年自己所有和记忆有关的科目都差到不能再差的地步，想到因此让妈妈唠叨没完而只想躲着妈妈，想到因此被同学和老师们看不起，最难过的还是他最在意的珊也因此对他冷嘲热讽。

恩越想越觉得自己可怜，希望这本书是一根救命稻草。

他把书放在枕头下面，很快进入了梦乡。

林子从睡梦中惊醒，屋外还在下着雨，天边闪电的白光刚刚消失，屋里渐渐暗下来。林子知道自己又要失眠了。她坐起来，习惯性地打开电视，不为了看什么，只是想要用电视的声音掩盖一点心里的烦躁。

已经是凌晨4点了，电视里没有什么好看的，许多电视台都在播放广告。林子胡乱地换着台，突然一些广告词闯入了她的脑海。

"你想在一分钟内记住100个随机数字吗？你想在一天时间内记住500个英文单词吗？你想知道24小时全文背诵《道德经》的独家秘籍吗？你还在为孩子学习记不住东西而发愁吗？……"

难道世界上真有这样的方法？林子越是不信，就越想看看这里面到底卖的是什么药，不知不觉看了二十多分钟的广告。其中还有培训现场的讲解、现场培训学生的一些视频、学生的表演等。

难道真的有这样神奇的方法吗？林子还是将信将疑。似乎是这种希望平定了她的心绪，她迷迷糊糊地又睡着了。

恩已经走得很累了，他已经在丛林里走了4个多小时。他记不清这是他第几次参加徒步穿越了，但是这次他感觉特别累。

教练一个劲儿地催大家加快速度，必须要在天黑前赶到营地。恩觉得自己的腿已经拖不动了，地面就像沼泽地一样，双脚开始向下陷。前面的队伍开始离自己越来越远，恩拼命地大喊"等等我"，可是没人理会，大家只顾低头向前走。

这时候教练发现了掉队的恩，停下来大喊："赶紧跟上队伍！"恩想说自己走不动了，谁能拉我一把，但是又觉得丢人，不好意思喊出来。教练往回走了一段距离，恩赶紧向前冲了几步，一把抓住了教练的手，再也不敢放开。

他就这样被教练连拖带拽地回到了营地，恩抬头一看，营地门口挂着"迈向世界记忆大师集训营"的条幅。恩又累又饿，只想等教练一声令下赶紧吃完饭睡觉。教练突然宣布考试，通过了的人才有资格吃饭。没办法，要想吃饭就得遵守别人的规则，恩只好排队等着考试。

考试的方法很奇怪，每人抽一张小卡片，一分钟时间记下卡片上的内容并背诵出来，就可以领取盒饭一份。

前面的几个人都很快通过了考试，只是恩听不清楚他们背出的都是什么内容，只听到最后教练说"过"，就到另一边领盒饭去了。

终于轮到恩了，他从教练厚厚的卡片中抽出了一张。卡片上的内容是：

帽子　飞机　手枪　米饭　扑克

手表　玫瑰　黄河　玻璃　电脑

恩赶紧小声地记了起来，他感觉自己已经能够记下这10个词语了，然后把卡片还给教练开始背。可是背到第7个词语的时候，却怎么也想不起来剩下的了。恩急得满头大汗，但还是没能记起来。

"教练，我能再试一次吗？"恩怯怯地问。

旁边传来低笑声，他的脸一下子就红了。

他从教练手中重新抽了一张卡片，打开后感觉要疯了。

AK47　9804　动态　disappointed

SARS病毒　@—@　京E98K7W

毫釐　19770905　0o★#D%C

"教练，我能换一张吗？"恩觉得这个太难了，根本不可能在一分钟内记下来。这时候他后面的人不耐烦地一把从恩的手中夺过卡片，看了没几秒钟，就把卡片交给了教练，然后一字不错地背了出来。他从旁边领了盒饭，然后很轻蔑地冲着恩笑了笑。

恩又从教练手中抽出了第三张卡片。

1415　9295　3589　7932　3846　2643　3832　7950

2884	1971	6939	9375	1058	2097	4944	5923
0781	6406	2862	0899	8628	0348	2534	2117

这简直太邪门了，谁可能在一分钟内记下这一串无聊的数字？！恩很无辜地抬头看了一眼教练，教练一把夺过卡片给了后面的人，恩回头一看，他后面只有最后一个人了。

那人拿过卡片，眼睛在这些数字上来回扫了一小会儿（恩觉得那几乎不到半分钟），就把卡片还给了教练，接着一位不错地复述出了这96位数字，然后领取了最后一份盒饭。

教练说："年轻人，你今天晚上只能饿着了！"

旁边的人开始哈哈大笑，嘲弄的声音不断传入恩的脑袋。

"就这水平还好意思参加这次活动？！"

"这么简单的都过不了，以后肯定会被饿死的！"

……

恩感觉头快要炸了，不知道怎么办才好。众人的嘲弄声越来越大，竟然有人开始将盘子扔向恩，想赶他走。眼看着一个盘子即将砸向自己的脑袋，恩大叫一声，突然惊醒过来。

恩摸摸自己的脸，还好。天已经蒙蒙亮了，恩很奇怪自己怎么会做了这样一个梦。"迈向世界记忆大师集训营"，他不记得自己什么时候看过或者听说过这么一个活动。

让恩更好奇的是，难道世界上真的有一种过目不忘的技术？如果有，在哪里可以学到呢？

恩的手摸到了枕头下的那本书。他重新拿出了那本书翻了翻，这时候从书里掉出一张卡片，卡片上又出现了297094257这串神秘的数字。

这串数字到底意味着什么？恩想，它肯定有重要的作用，不然不会专门写下来还夹在书中收藏着。

翻到卡片的背面，有4幅画得很不清楚的画，每幅画上都标着一个数字：29、70、94、257。

"或许这些数字是页码。"

想到这里，恩快速地翻到了书的29页，这一页有一幅插图，像是一座山，还有几条路。又翻到70、94、257页，都有类似的图，只是略有差别。恩来回地翻看这四页纸上的插图，觉得很奇怪，它们很相似却不一样，都是山、路，还有些地方写着字。

恩干脆把这四页内容撕了下来，把四张摆在一起，一下子明白了，原来这是一张完整的地图，但被分成了四个部分并旋转了方向，就像是影视作品中的藏宝图。

藏宝图的中心位置有四个明显的大字：记忆宫殿。它们被分割到了四张图片的四个角，如果不拼在一起，谁也不会想到完整的含义。

恩完全没有了睡意，他不知道这个世界上是不是真的有记忆宫殿，但是地图上的标识全是本市的真实地点。

恩把地图重新夹进书页里，穿好衣服，连夜离开了宾馆，伴着茫茫夜色，踏上了寻找记忆宫殿的路。

四座大山

天蒙蒙亮的时候，恩终于走出城市，到达了山区边缘。恩又认真看了看地图。按照地图的指示，附近有四座山。恩感到很奇怪，自己在这个城市生活了十几年，从来没听说过这么奇怪的四座山——**排斥山、怀疑山、尝试山、本能山**。

书里介绍了这四座山的风土人情。

排斥山　这座山上的人共同的特点是：无意识无能，就是对任何超强能力的事他们都不相信。就像恩在梦中见到的那些一分钟记100位数字这样的事，他们觉得要么是谣言，要么是传说，要么是生来就有的特异功能，凡夫俗子永远不可能做得到。他们不相信任何他们自己做不到的能力，他们觉得世界上的所有人都像他们一样。他们也不会去听别人的解释和讲解，他们根本不相信，也不愿意花时间和精力去考证和研究这些东西。

怀疑山　这座山是一个大舞台，到达山顶的人必须达到一种心理境界——有意识无能。在这座山上，住着拥有各种绝技、绝活的人。经常会有人强行把排斥山的人带到这里来，让他们当面见识一下这些神奇的能力，让他们知道这根本不是谣言传说，而是实实在在的能力。从排斥山来的人会亲眼看到、亲身经历那些奇才、怪才的表演，从而相信一分钟记忆100位数字不是神话，而是后天训练出来的一种才能；20秒记一副扑克也不是传说，而是一步步地练习和重复之后达到的一种效果。虽然从排斥山过来的人勉强相信了这些能力确实是人类能够获得的，但是他们仍然认为，虽然有些人能够通过练习达到这种境界，但是他们自己累死也达不到。

尝试山 这座山是一个大训练场，记忆宫殿就坐落在这座山上。除了记忆宫殿，这里还有很多其他的训练机构。从怀疑山来到这座山上的人会进行不同的训练，从而亲身体验、学习、练习，以至于慢慢地相信自己也能通过训练达到那种让人瞠目结舌的境界。这座山能够让人达到的心理境界和思想状态是：有意识有能。

本能山 这座山上住满了世界记忆大师，没有世界记忆大师的身份就没有资格住进这座山林。他们个个身怀绝技，记圆周率、记扑克牌、背《百家姓》《三字经》对他们来说已经像抬脚走路、张口吃饭一样简单。在他们的生活中，已经没有奇迹、没有绝活。因为人人都有绝活，人人都觉得这根本不是什么绝活，这才是正常的生活状态。我们管这种境界叫：无意识有能。

【注】学习的四重境界

为什么要介绍这四座大山，实际上这是我们学习一些超级能力所必须经过的四个过程。这四重境界，实际是学习过程中思想变化的四个阶段。了解了这些，我们在学习和训练的过程中出现迷茫、烦躁或者退缩的时候，就能意识到这是正常的现象，只要坚持一下，就能渡过难关，得到更大的提升。

第一重：无意识无能

就是我不用想、你也不用跟我解释，打死我也不相信的境界，就算真有人能做到，不是魔术就是上过科学节目《人类不解之谜》。在这种思想状态下，是不可能接受新事物的，所以也不可能去学习和训练。

第二重：有意识无能

在这种状态下，我们相信有那么一批人可以拥有这样的能力，但那应该是天才中的天才，精英中的精英。他们不仅要有过人的天赋，更要付出常人不能接受的努力，才能训练出这样过人的超强能力。

第三重：有意识有能

后来，经过培训，了解到这些超级能力的原理和训练方法，并且也相信不管是谁，包括自己只要经过严格的训练，都可以训练出这种超强的能力。

第四重：无意识有能

超级能力已经内化为自己的本能，拿脚趾头都能完成一些常人看来非常厉害的挑战了。内心已经不再认为所谓的超级能力是什么过人的本领，对他们来说，这已经如同吃饭穿衣信手拈来般的简单了。

奇怪的是，在从尝试山到本能山之间，根本没有路。

暂时还顾不了那么多，恩现在想去的只是尝试山的记忆宫殿。

恩沿着地图上的指示，来到了排斥山脚下。他看着地图上的线路说明，如果绕过这座山，需要走7公里。如果直接翻过这座山，只需要3公里，但是路况不好。如果绕行，道路畅通，可以节省出很多时间。

恩已经坚定地相信超强的快速记忆术是真实存在的，而且他一定要想办法学到这项技术。于是恩选择绕过了排斥山，直接来到了怀疑山脚下，并不顾长途跋涉的疲劳，开始登山。

林子按照刘红给的地址，如期来到心理咨询师的工作室。但到了咨询室门口，林子却不敢敲门。她突然觉得紧张，自己也不知道为什么。

透过走廊的窗户，她看到一个和她年龄差不多的女士领着一个和恩差不多年龄的男孩也走进了这所建筑。当妈的使劲拉扯这个孩子，显然这个孩子不想到这里来，拉一步停三步的样子。当妈的显然十分愤怒，站在门口，当着来来往往的人群就指着孩子破口大骂，而那孩子先是对妈妈怒目而视，后又变得吊儿郎当的样子。

林子看到了这里，想：如果今天是带着恩来的，会不会也发生这样的事？

幸好今天是自己来的。

林子又突然冒出一个疑问：难道她真是来做心理咨询的吗？

手机突然响了。林子吓了一跳，是刘红。

"发短信你也不回，找到地方了没有？"

"到了，刚到，已经在楼道里了！"

"哦，那赶紧吧，你们约定的时间到了！"

林子深深吸了口气，敲响了咨询室的门。

恩一进怀疑山，就看到好多在表演绝技、绝活的人。那场景远远看去，让他想起了《清明上河图》的那种景象。

恩凑过去，一个人正在表演快速扑克记忆。他正打算将一副牌交给观众，恩正好钻了进去，他就将牌交到了恩的手里："请你把牌洗乱！"恩接过牌，看了看表演者，又看了看周围的观众，开始非常笨拙地洗牌，但不管怎么着，在恩看来牌已经很乱了。他把牌交还给了表演者。

但见表演者一手拿牌，一手拿着沙漏。"这个沙漏翻转后全漏完是30秒！如果各位看官有表的可以用您的表计一下时！"他说完，微闭双眼，深深吸了一口气，又缓缓地吐出来，然后慢慢睁开眼睛。

这时表演者轻轻举起了沙漏，然后突然翻转立在那里，双手开始不停地一张张地搓牌。表演者搓牌的速度太快了，每秒都要搓过两张牌的样子。不用说记，恩觉得自己就是看也看不过来。

恩正看得入神，感觉不可思议，这时表演者突然把牌全部合上扣在桌面上，并把沙漏放平。这时候沙漏里还有大约1/3的沙子没有漏完。从时间上估计，应该才过了20~25秒。

恩觉得太不可思议了，这么快的时间怎么可能记住一整副扑克牌？这时候表演者拿出了另一副扑克，开始从里面找一些扑克并且摆到了桌面上。恩正觉得奇怪，这时候表演者解释说，现在要凭借记忆来把这副牌的顺序整理得和刚才那副完全一样。

大约过了2分钟的时间，牌整理完了。这时候表演者请两位观众上来一张张地按顺序把两副牌依次展示给大家。刚开始大家还没什么感觉，但随着一张张牌都对应起来，现场爆发出热烈的掌声。掌声越来越大，等到52张牌都展示完后，恩觉得自己的手几乎要拍麻了。"竟然真的一张不错，太厉害了！"恩很想知道这到底是如何做到的。

表演者把刚才表演用的这两幅牌发给了现场的观众。恩也领到了一张，只看到牌面写着：扑克快速记忆，297094257。

恩突然觉得这一串数字很眼熟，在哪见过呢？

林子坐在心理咨询机构的等待区，她的脑海里还回放着刚刚那对母子互动的画面。"原来，我在儿子面前也是这副样子吗？那孩子的神态，我也在恩的脸上看过。"

心理咨询师是一位四十多岁的女性，她从办公室出来，神态放松，完全不像林子想象中那样，是个严肃的"医生"，倒像是一个友好的邻居妹妹。

"你好，我是祝健。"

在祝咨询师的带领下，林子走进了心理咨询室……

恩又在怀疑山上看了很多的表演，每个表演都让人觉得不可思议。在别人看得津津有味的时候，恩一直在想，如何才能学到这些技能，让自己也像这些大师一样能够拥有别人不敢相信的超强记忆力。

一边看表演，一边往前走，也不知道过了多长时间，恩终于翻过了怀疑山，来到了尝试山脚下。

恩的手上还拿着那张扑克牌。297094257，这究竟是什么？

从最早在宾馆的那本书上看到这串数字，到表演用的扑克牌上也出现这一串数字，这到底意味着什么？

恩还没有头绪，于是他决定先上山再说。沿着崎岖的小路，恩开始向着尝试山的山顶进发。

三大挑战

恩穿过铺满石子的小路，来到尝试山的山顶。这里有一栋建筑，建筑的正门旁边挂着一块木质的牌子，上面写着四个大字"记忆宫殿"。

门没有锁，恩轻轻地推开了大厅的门。

大厅里面的光线略微有些暗，恩环顾了一下大厅。正对大厅的是上楼的楼梯，楼梯旁摆放着绿叶植物。楼梯口上方悬挂着一块长方形木匾，上面写着"记忆宫殿"四个大字。大厅两侧有两扇门，门口分别立着一块牌子，左侧写着"挑战区"，右侧写着"密训区"。大厅的左侧放着办公桌和椅子，桌子上放着一台电脑、几本书和一个笔筒。右侧立着一尊塑像，旁边的墙上挂着一幅油画，看上去是一座宫殿。大厅的顶上有一盏圆形的顶灯，虽然是白天，灯还是亮着，发出微微的光。

这时候，一位年轻漂亮的女子从楼梯上走了下来，看起来，她是这儿的接待员。

"先生您好，请问您有什么事？"

"我是来学记忆宫殿秘籍的！"

"对不起先生，我们这里没有什么秘籍，请回吧！"

"这里不是记忆宫殿吗？"

"这里是记忆宫殿，但是这里确实没有什么秘籍！"

"不可能，这里一定有快速记忆的方法！"

"请问您有预约吗？"

恩突然愣住了，他不知道怎么办好，因为的确没有人推荐他来这里，他也没有提前预约，难道自己就要无功而返了吗？

恩突然看到自己手上的书，"也许这本书可以给自己一个机会"，这样想着，恩连忙把书递给接待员，说："不好意思，你看这本书是不是你们丢的？我在一个宾馆里捡到它的，是它带我找到这里的。"

接待员将信将疑地接过书，但翻看了两页，立刻露出惊喜的表情。

"这是我们找了很久的书，真是感谢您将它送回来。我想，基于这个原因，我们的老板会破格让你参加我们的培训。"

"你们的老板是谁？"恩问。他感到有些惊讶，这本看起来破破烂烂的书似乎对于这个老板十分重要。

"我们的老板名叫John。"她似乎觉得只需要说出名字就能让恩明白了，"我把这本书交给老板，请您在这里稍等一会儿。"

恩只好一个人留在大厅里，他四处打量，觉得那个外国老头的雕塑十分熟悉，好像在哪里见过。"啊，这是利玛窦！"他想起来在那本书上有利玛窦将记忆宫殿法带到中国的故事，旁边的插图正和这个雕塑一样。

"让你久等了！"一个浑厚的男中声说道。一个男士出现在恩的面前，看上去年龄在30岁左右，戴着眼镜，身材中等，面带微笑。

"你好！"恩打了个招呼。

"我是这里的主人，我的名字叫John。非常感谢你帮我找回了这本书，可以特别允许你参加我们的训练！"

"谢谢，那我什么时候能开始训练？"

"按照我们这里的规定，要想参加训练，必须自己想办法通过三重考验！"

"什么是三重考验？"

"一会儿你就会知道！"

"行，一言为定！"

"别太自信了，年轻人！"John淡淡地笑了笑，然后转头对着里面喊道，"Susar。"

刚才那位年轻的女子走了出来，

"老师，有什么事？"

"带这位小伙子去挑战三关！"

"好的，老师！"Susar转身对恩说，"您这边请！"

Susar把恩带进了挑战区，然后对恩说："从现在开始，你将在挑战区独自完成三项复杂的任务。我会在任务的终点处等着你，如果在规定的时间内见不到你的身影，我将宣布挑战失败，你就可以安心地回家了。"

"每个任务多长时间？"

"对不起。这就是任务的难点，我们不能公开我们的及格线，所以你只有一个办法，就是尽可能地快！"

"这也太难了！"

"每一个来挑战的人都遵守这个规则，你也不能例外！"

"我明白了！"

恩做了简单的准备，就大步跨进了挑战区。

挑战区有三个房间。三个房间门口的牌子上面分别写着：**声音挑战室、逻辑挑战室、图像挑战室**。

恩做了一次深呼吸，轻轻推开了第一间挑战室的门：**声音挑战室**。

进门之后，一个年轻的女士让恩坐在一个舒适的软座上。恩刚刚坐下来，就被戴上了一个眼罩，一下子什么也看不见了。这时候一个声音说道：

"我们进行的第一项挑战就是记声音。一会儿你会听到一段用梵文朗诵的咒语，这段咒语会重复十遍。请你尽可能多地把这段咒语的发音记下来。如果你做好准备了，就伸出自己的大拇指。"

恩稍微稳定了一下，然后深吸了一口气，伸出大拇指示意自己准备好了。

这时候恩听到了一段咒语，感觉似乎在一些寺庙里听过，只是截取了其中的一小段，然后重复地播放。

【注】建议读者自己去网络上下载一段快速诵读版的《大悲咒》或者《楞严咒》，然后闭上眼睛纯靠听觉来记忆一下，真切地感觉一下纯声音记忆，即我们常说的机械记忆模式。

大约3分钟后，咒语的声音开始变小，直至彻底地停下了。

这时候刚才的那个声音说道："如果你觉得可以开始背诵，就开始吧。"

话音落后，房间里静得出奇，除了自己的呼吸，恩听不到任何声音。恩开始试着小声地背诵出刚才的咒语，根本不知道自己是靠什么来记这些咒语的。也不知道背得对还是错。

"这就像是听一段音乐，有时候我根本没听明白他唱的是什么词，但是听多了也就记住了旋律，甚至能哼出一样的音。"恩在背的同时，脑子里还在想着这个挑战的逻辑。他突然意识到自己是在开小差，连忙把思绪抓回来，但经过这样的打岔，脑子里空空，刚刚的旋律竟然一点也想不起来了。

正在恩不知如何是好的时候，突然听到那个声音说："恭喜你，通过本项测试。"

这时候工作人员过来把恩的眼罩取了下来。恩慢慢睁开了眼睛。

"知道为什么要做这个测试吗？"女士问。

"不知道，是为了测试我的记忆力水平吗？"

"是，也不是。"

"这是什么意思？"

"大脑一共有三种记忆模式，其中最根本也是最基础的就是声音记忆。我们平常管这种记忆方法叫死记硬背。我们之所以拿这种完全听不懂的咒语来测试，就是为了排除其他记忆方法对记忆效果的影响。我们没法理解这些声音，只能靠耳朵来听，所以是纯粹的声音记忆模式。"

"哦，那另外两种记忆模式是什么？"

"别急，请跟我来。我们进行下一项挑战！"

恩被带到了第二间挑战室：**逻辑挑战室**。

这里面有一堆智力玩具：华容道、魔方、九连环、拼图……都是些需要动脑来推理的玩具。恩想，难道是要我在规定的时间内来玩这些玩具吗？这个似乎不是特别难，因为都是自己从小就玩的东西。

这时候，负责考核的老师从一个柜子里拿出一个盒子，"这里面有很多的卡片，你随便抽一张完成上面的题目。你有两次机会，只要有一次能够完成就顺利过关。时间是一小时。"

恩犹豫了一下，从盒子中抽出一张卡片，上面的题目是：

"有13个外表一模一样的小球，其中一个的质量与其他12个略有差别，但不知道是重还是轻。假定这13个小球上都有标号，现在给你一架天平，只能使用三次，把这个不同的小球找出来。注：必须要考虑到所有的可能。"

【注】有兴趣的读者可以自己研究一下，这是很有挑战性的一个智力推理题目。具体的解法在单行本《超级记忆：破解记忆宫殿的秘密》一书的思维导图部分有具体说明。

这道题目还提供了配套的模拟道具。恩对着这13个球研究了好长时间，来回摆弄了很多遍，也没有找到好的方法，每次都是差一点点就成功了，但总是有一种情况是无法解决的。时间已经过了40分钟，恩还是没能找到一种方法能够在所有可能的情况下解决这个问题。

恩很不想放弃，但是已经想不到办法了。他很不好意思地红着脸走到老师那里，重新抽了一张卡片。

题目："汉诺塔。要求用最短时间和最少步数完成汉诺塔从A到C的转换。"

【注】汉诺塔简介：有五个自下而上、从大到小排列的盘子分别串在一根柱子上。要求借助第二根柱子把五个盘子按原顺序移动到第三根柱子上。每次只能移动一个盘子，而且大的盘子不能放置在小的盘子上面。

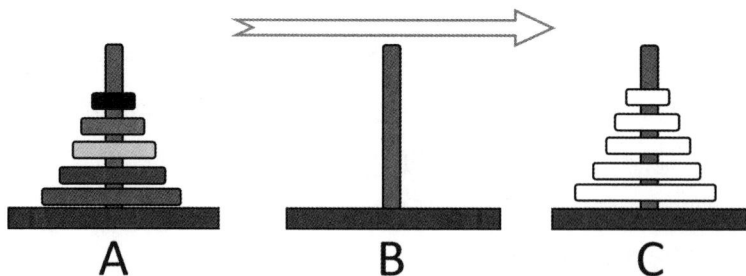

恩记得自己小时候曾经玩过这个游戏，但是一下子又想不起当初是怎么完成的。

恩试着玩了一次，用几分钟就完成了任务，但是恩觉得这并不是最少步数。于是恩静下心来，认真地思考，并记住每次移动的内容，以免做无用的重复动作。

恩又尝试了三次，虽然每次都能完成，但恩觉得步数还可以更少，应该还可以再优化。这时候恩看到盒子上写着一行字："最短31步完成"。

有了这行字，就像有了目标，恩开始重新尝试移动的方法，第二遍完成正好是31步。恩赶紧又来了一遍，确保自己没有数错。确定无误后，恩开始反复地训练。十多分钟后，恩自认为非常熟练地记住了每一步移动方法。

恩顺利地通过了这一关的挑战。

恩来到第三间挑战室：**图像挑战室。**

这间挑战室被分隔成了很多的小房间，但是门都关着。恩不知道这些房间里又隐藏着什么秘密。

这时候负责考核的老师过来说道："这一项挑战，是来测试你对图像的记忆能力。这里有很多的房间，每个房间里有很多的家具和其他物品，你只有20秒的时间来记忆房间的布局和每件物品摆放的位置。然后我们会把房间清空，你必须靠记忆来还原房间被清空之前每件物品的摆放位置。"

"20秒记多少个房间？"

"一个房间。不要觉得很轻松，房间里有很多的东西。"

"我明白了，可以开始了！"

"好，请抽一个房间号。"

恩随意抽了一张卡片，上面写着一个"3"，于是老师带着恩走到3号房间的门口。

"你只有20秒时间，在15秒的时候我们会提醒你。你必须在5秒内走出这个房间。明白了吗？"

"明白！"恩点了点头。

三个回合下来，恩都在规定的时间内完成了图像记忆房间物品摆放的挑战，物品全部摆放正确，恩顺利通过了本项挑战。

恩高兴地走出挑战区，以为自己可以接受正式的训练了。可是Susar对恩说："你还有一项测试需要完成，如果测试合格，你就可以开始正式训练了。"

恩不知道还有什么样的训练等着他。

心　魔

　　恩被带到了John的办公室，看来最后一项测试将在这里进行。等到恩舒舒服服地坐在椅子上后，John开口了：

　　"现在请你想象从你现在坐的地方站起来，沿着来的路，慢慢地走出这栋大楼。"

　　恩觉得这个测试有点可笑，"想象"这件事要怎么测量呢？难道他能知道我想象了什么吗？但是他抬头看着John的眼睛，发现里面并没有嘲弄或是疯狂的影子。"三重挑战也过来了，就是再参加一个测试也没什么关系，虽然这是个奇怪又可笑的测试。"这样想着，恩还是闭上了眼睛。

　　突然间，恩发现自己站在了John的办公室的门口，正对着的就是楼梯，他刚刚就是从这儿上来的。

　　"这可真是件怪事！"但是已经开始测试了，恩便决定不回头。他沿着楼梯往下走，到达大厅。这时候，大厅竟变了一个模样，里面拥挤着各种各样的动物、宾客，一些人（如果那真的是人的话）甚至飘在大厅的上空。

　　"你现在要走出这栋大楼，把箱子里的东西带回到办公室里。"John的声音似乎是从空中传来。恩于是穿越大厅。期间，那些动物、宾客疯狂地阻止着他，有的手舞足蹈，有的做出恐吓或诱惑的动作。恩又害怕又着急，他摆脱不了这些"怪物"，他闭上眼睛，握紧拳头，大吼一声："滚开"。

　　随着这一声大吼，大厅里安静了下来。恩睁开眼睛，那些"怪物"已经消失了。恩轻轻松松地走到门口，打开了大厅的门。

　　门外没有盒子，却停着一辆小汽车。恩爬上汽车的驾驶座，发动起来，汽车沿着公路渐渐加速。"开去哪里呢？对了，我要找盒子！"恩想着，似乎他一直就知道自己想要找一个盒子。

　　公路非常宽阔和平坦，路边种满了美丽的鲜花。风拂过恩的面颊，花儿的香气盈绕在恩的鼻腔。恩陶醉在这美景里，幻想着如果自己的暗恋女孩珊能坐在副驾驶的座位上该有多好。

　　突然不远处出现了一个身影，就站在公路的中间。恩赶紧刹车减速，车子就在离这个人不到一米的地方停了下来。恩吓了一身冷汗。站在公路中间的人正是珊！他下车查看，但珊不见了，取而代之的是一块大石头挡在公路的中间。恩站在车和石头的中间想，"为什么刚才会看到珊的身影？"不过这个念头很快就被他抛下了，他想起自己还要去找盒子。

恩围着这块大石头转了一圈，感觉有一边的空间还能勉强通过，于是重新回到车上，紧贴着石头，慢慢地把车挤了过去。重新回到宽敞的公路上，恩倍感轻松，他打开音乐，加大马力，向着远处的房子驶去（他心里知道盒子就在那里）。

可是没驶出多远，恩又看到珊站在公路的中间。他揉了揉眼睛，确认这次不是幻觉，于是把车速慢慢降了下来。就在快要接近珊的时候，恩发现公路中间仍然是一块巨大的石头，根本没有珊的踪影。

"这太奇怪了，难道这是John给我的考验吗？"

房子越来越近了，但是如何过去？恩发现这次的石头更大，留下的空间已经不足以让车子通过了，怎么办？

恩想："我的目标是拿回盒子，车子似乎不是重要的。"他回到车上，沿着石头的一侧强行挤了过去，车子的一侧被石头划出了一条长长的伤痕。恩顾不上车子伤成什么样，继续前行。

但是不远处，珊的身影和石头的幻觉第三次出现了。恩感觉有些无奈，因为这次的石头更大了，车子根本没有可能再挤过去了。这时候，公路两侧的鲜花也消失了，变成了深深的水沟。

恩有些烦躁，他把车倒回了很长的距离，加足了马力，拼命地冲着石头撞了过去，车头被撞得烂乎乎的，但是石头却仍然矗立在公路中间，像一只拦路虎一般。

房子已经很近了，恩决定放弃汽车，步行到房子那里。他小心地绕过了石头，向着房子的方向奔跑。可是没跑多远，公路上又出现了很多的碎石头，它们虽然不是很大，却很多，像一座小山一样，把去路堵得死死的。

这次想绕也绕不过去了。公路的两边是深不见底的水沟，中间是阻挡去路的石头。前进，就必须清除这些障碍；回头，就永远也完不成测试。

恩犹豫了一段时间，最后还是决定花一点时间来清除这些石头。他尝试着搬动那些看上去略小一些的石头。虽然没搬起来，但是石头还是晃动了几下。于是，恩一点、一点慢慢地把石头挪向公路两边的沟，快到沟边的时候，使劲向下一掀，石头瞬间就消失了。

这个过程变得越来越得心应手。等到第三块石头的时候，恩已经能够搬起来，直接扔到沟里了。恩变得越来越轻松，后来站在公路的中间就能把石头直接扔进沟里了。当最后一块石头被扔进沟里后，公路两边的沟消失了，那些美丽的鲜花回来了。那辆车也停在路边，虽然看上去有一些旧，但刚刚被撞得破烂不堪的车头已经自动修复好了。恩高兴地跳上汽车，向着房子飞驰而去。

房子的门是开着的。但房子里空空如也，哪里有什么箱子？恩一下子不知所措，是不是John故意骗自己？还是箱子藏在房子里的什么地方？可是房子空空的，哪里能藏得住东西？难道是非常小的一个箱子？恩蹲下来，开始在房间的角落、窗台、门后面仔细地查找。但是仍然没有什么发现。

"John，房间里根本没有箱子！"恩对着空气大喊。

没有得到回答，恩无奈地坐在门口，拿着车钥匙在地上乱画。这时候，恩发现自己手里的钥匙变成了一把金光闪闪的钥匙，而不是原来拿着的车钥匙。

他抬起头，车子不见了。恩再回头看这栋房子，周边长满了杂草。远远看去，杂草中似乎有一个盒子。恩兴奋地跑过去，但是在杂草中转了几圈，还是找不到。恩绕着房子转了好几圈，盒子总是在不远处，却永远可望而不可即。

突然，恩透过窗户看到房子里面多了一张桌子，桌子上就摆放着一个盒子。恩已经搞不清楚哪些是幻觉了，他向房门走去，有个声音在后面说道："恩，过来！我在这里。"恩回头一看，珊正坐在草地里，抱着一个盒子冲他招手。恩拨开杂草冲过去，却发现除了杂草什么也没有了。转过身，透过窗户他看见盒子依然停留在桌上。恩重新向房门走去，身后又响起了珊的声音，这回还夹杂了其他同学和伙伴们的声音。

"恩，过来踢球啊！"

"恩，过来玩游戏啊！"

"恩，陪我看电影去吧！"

"恩……"

恩感觉脑子快要爆炸了。他捂着耳朵，闭着眼睛，撞开门重新进了房间。

他睁开眼，盒子就在眼前。恩上前，用手上的金钥匙去打开盒子。钥匙轻轻插进钥匙孔，慢慢地转动，恩觉得马上就能拿到自己想要的东西了。可是就在他转动钥匙的一瞬间，盒子从眼前消失了。恩想赶紧收回钥匙，可是已经来不及了。

房间里出现了很多人，每个都与恩长得一样，他们手里各捧着一个盒子。

"恩，这里面装的是一张游戏卡，这是你想要的盒子。"

"恩，这里面是送给珊的礼物，这才是你想要的盒子。"

"这里面有很多的钱，你应该拿这个盒子。"

"这里面全是好吃的，你赶紧过来拿这个盒子。"

"恩，这里有你一直想要的益智玩具，这才是你想要的盒子。"

······

无数个"恩"抱着盒子冲着自己走了过来，无数个声音在冲着自己大喊："你到底要哪一个？你到底要哪一个？······"

"我什么都不要，我只想提高自己的记忆力！"恩大喊一声。

那一堆"恩"消失了，恩猛地睁开眼睛。John正坐在对面静静地看着他，眼里带着笑意。恩知道，他已经通过了这个测试。

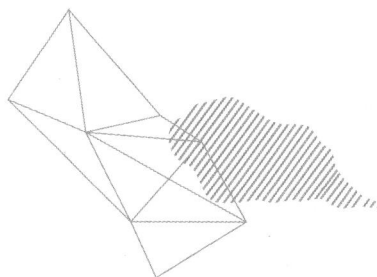

Chapter 2 | **基础篇**

知识要点

　　宫殿记忆法的基本原理、几大方法以及最基本的应用技巧，包括串联、编码、关键字、定桩等方法的应用。

密室之谜

恩终于经过了重重考验。John的脸上也露出了一丝神秘的笑容。

"年轻人，你终于还是坚持到了这一刻，跟我来吧！"

John按动了桌子下面的一个非常隐蔽的按钮，被伪装成了书架的一扇门缓缓地打开了。

门里面是一条昏暗的走廊，他们俩走进去后，那扇门就缓缓地关上了。经过了几个拐弯，又进了一道门，他们来到一个不是很大的门厅。大厅的一侧有三扇关着的门，门上分别写着"快速记忆""思维导图""快速阅读"。每一道门口旁边的墙上都挂着一个相框，里面密密麻麻贴满了小照片。墙壁上画满了稀奇古怪的符号。

大厅的中央摆放着一张圆形的小桌，上面放着一叠散乱的扑克、一个黑色的笔记本和一支笔。桌子的周围有四把简易的椅子，John拖了一把椅子坐下来，然后示意恩也坐下。

"从今天开始，你将在这里进行为期30天的密训，没有我的允许，不允许离开。如果你擅自离开，你将永远没有机会再回到这个密室里来，听明白了吗？"

"是的，John先生，我明白！"

"你将在每个房间里密训10天，每5天我会来检查你密训的情况，并考核你的训练成绩。如果考核通不过，你要在这里训练直到及格，否则没有权利进入下一个房间。"

"是的，John先生。"

"我每天都会打电话叫醒你，并安排你一天的训练任务。每个房间里都有卫生间和沙发，柜子里有被子，你累了、困了可以在里面稍作休息，每天我会安排人给你送来食物。"John看了眼恩，然后郑重地问道："我想你应该都听明白了，你现在选择放弃还来得及。"

恩低着头，有一段时间没有说话，他知道一旦接受了这个挑战，就意味着接下来的30天时间都不能随心所欲地度过。恩知道这不是电脑游戏，更不是简单的体育活动，而是一次将真正改变他的绝好的机会。但是恩也明白，这将是一个痛苦、艰难的过程。

恩想到了妈妈对自己失望的目光，想到了珊优秀的成绩单，想到了那些为自己鸣不平的哥们儿。

"恩，其实你很聪明，只是缺少正确的方法……"小克曾经这样说过。

John没有催促恩，他只是静静地坐着。恩的脑子里转了无数的念头，但最终他决心改变自己，接受这个挑战。接下来正是暑假，30天之后，我要让所有人都对我刮目相看。

"我接受挑战。"恩抬起头，眼神坚定。

"我会替你向你的妈妈报平安。你在这里训练30天的所有费用都不必担心，就当作我感谢你送回了那本书的礼物。"John狡黠地眨了一下右眼，给恩一种莫名安心的力量。恩发现John很眼熟，但想不起来在哪里见过他。

"这是这里的钥匙，如果你坚持不下去，就自己开门离开，但是走了之后就永远都不能再回来了。"John把一把红色的钥匙放在恩的手上。

"如果你遇到了其他问题，可以打房间里的电话。电话只有一个重拨键，不论什么时候，按下重拨键都能联系上我。"

恩点点头，表示自己明白了他的意思。

John离开了，只剩下恩留在房间里。恩走进写着"快速记忆"的房间，四下打量。紧靠门边有两个书柜，柜子上面是敞开的格子，放了一些折叠的图纸、卡片和大大小小的道具，下面则有柜门。左侧的墙上写满了各种数字、符号，还挂了许多大大小小的文件夹。墙角是一个饮水机，靠近窗户有一张桌子，上面有笔、纸和一个杯子。桌子下面有一把木质的椅子，看上去有一些陈旧。另一侧墙上有一扇带着玻璃小窗的门，应该是卫生间的门。紧挨着的是一个单人床，上面整齐地铺着被子，摆着两个枕头，左边的是红色，右边的是绿色。再往回看，门口的柜子上有一台很小的液晶电视，下面还带有DVD播放机。门后面的墙上挂着一部白色的台式电话，上面只有一个重拨键。

忙碌了一天，恩感觉自己已经没有心思再去想更多的事情，怀抱着对于未来30天训练的期待，他合衣躺在床上沉沉睡去。

一阵电话铃声突然响起，恩从睡梦中惊醒，一看手上的手表：早晨6点。恩接起电话，一个声音说："早安，恩同学，该起床了。你有10分钟的洗漱时间，早饭马上送到。7点，我们的训练就要开始。"

恩迷迷糊糊地想起了昨天发生的事情，环顾房间，与昨晚看到的并无二致。

恩赶紧洗漱完毕，吃完了送来的早餐，时间已经接近7点。一位工作人员送来了一个红色的信封，说是John先生安排的今日任务。

恩迫不及待地打开了信封，信的内容如下：

我想经过了一个晚上和一个早上，你已经对整个房间的环境非常熟悉了。现在请你闭上眼睛，回忆一下房间的每一个细节。如果能准确地回忆出每件物品的摆放位置，就翻看下页的内容。如果做不到，请继续熟悉房间的环境，直到每一件物品都熟记在心。

恩闭上眼睛试着回忆了一下。

紧靠门边有两个书柜，柜子上面是敞开的格子，放了一些折叠的图纸、卡片和大大小小的道具，下面则有柜门。左侧的墙上写满了各种数字、符号，还挂了许多大大小小的文件夹。墙角是一个饮水机，靠近窗户有一张桌子，上面有笔、纸和一个杯子。桌子下面有一把木质的椅子，看上去有一些陈旧。另一侧墙上有一扇带着玻璃小窗的门，应该是卫生间的门。紧挨着的是一个单人床，上面整齐地铺着被子，摆着两个枕头，左边的是红色，右边的是绿色。再往回看，门口的柜子上有一台很小的液晶电视，下面还带有DVD播放机。门后面的墙上挂着一部白色的台式电话，上面只有一个重拨键。

恩觉得自己除了一些细小物品，比如小道具在书架的哪个格里，墙上文件夹的摆放等之外，大的物品的摆放位置都已经很熟悉了。于是，他翻开了下一页。

请你想想，记住这些东西的布局需要多长时间？是不是觉得真的需要一个晚上和一个早上的时间呢？接下来我们就来做一个测试，让你更明白其中的道理。

在书架的A1格中有两张卡片，绿色卡片是一个房间布局的照片，红色卡片是用文字描述的房间的布局。现在要求你只看20秒绿色卡片，看100秒红色卡片（计时器也在A1格中），然后在纸上画出两个房间的布局。不管画成什么样，只要你认为画好了，就再翻开看下页。

恩走到书架前，看到那些格子下方都贴着编号，行的编号是英文字母，列的编号是数字，他从A1格取下了计时器和两张卡片。

绿色卡片

红色卡片

> 一进门是一个大厅，左右各有一个偏房，大厅的正中间是一张八仙桌，八仙桌上面摆放着一个泥塑的财神。八仙桌左侧是一张古老的圈椅，椅子的旁边立着一根拐棍，旁边的墙上挂着一根长长的烟枪。上面那盖了大红的布，看不出里面装的是什么东西。
>
> 在正门和左侧偏房门的夹角处，有一口大大的水缸，上面盖着一块圆形的木板，木板上放着一把勺子和几个灰色的碗儿。紧靠着水缸的地面上是一个盆，盆里还装着半盆脏兮兮的水。
>
> 再往上看，侧门左边墙上挂着两条毛巾，右边的墙上挂着一串钥匙。
>
> 右边的地上放着两口锅和几个小方凳。八仙桌的前面还有一张长方形的小长条桌。桌子摆放着三个碗和两双筷子。地上还扔着一个水壶。

恩开始试着在纸上画这两个房间的布局。他发现虽然只看了第一个房间20秒，却可以清楚地记着每件物品摆放的位置。但是单凭文字描述，他几乎没能在大脑中构建出第二个房间的样子，更不用说去回忆了。

恩觉得只能回忆出这么多了，于是翻到下一页。

我想你已经有了深刻的体会。图像记忆比文字记忆的速度快了10倍，且效果还要更好，这就是过目不忘的最基本原理。

现在你再去耐心地读一下第二张纯文字的卡片，在你的大脑里想象这样的一个房间，你把每一件物品都按照卡片上描述的摆放好，然后睁开眼睛认真看看你摆放的物品是否正确。

现在你是不是已经能够清晰地回忆起整段文字中描述的场景了。

如果你做到了，你已经能够体验图像记忆的神奇了。你可以取出A2格的任务书，进入下一关的训练了。

恩觉得这些训练有点太简单了，并没有自己预期的那样惊险刺激。他多少有些失望，但是毕竟只是刚刚开始，还是先认真做好下面的训练吧。

穿越黄河

恩打开A2格的任务书，第一页是中国地图的一部分，与其他地图不同的是，这张图上强调了黄河流经的省份。

恩不明白这是什么意思，翻开下一页，上面写着任务。

按黄河流经的顺序依次记下9个省份（自治区）的名字：

青海　四川　甘肃　宁夏　内蒙古　陕西　山西　河南　山东

先不要着急，我们现在训练的不是死记硬背（声音记忆），而是用生成图像的方法来记。

恩想，这些东西怎么生成图像呢？是要把这张地图印在脑子里吗？恩觉得有些不解，只能继续往下看。

我想你肯定很疑惑，这怎么能生成图像呢？不要着急，为了能让你更真实、更深刻地体验图像记忆的神奇力量，请你先跟我来一次惊险刺激的冒险行动。

恩醒过来的时候，正身处在一片大海中，青青的海水，翻滚的海浪。浪头扑来，恩呛了一口水，他听到John在大喊："快游啊！恩，只要追上前面的那条船，你就得救了！快，跟上我，千万不要放弃！"

John就在离他不远的地方，向着那条船游动。John已经抓住了船帮，用力地爬上了甲板，恩也拼命地游了过去，John伸出手把恩拖上了船。

这是一条很小的船。恩抖了抖身上的水，才发现在他们的后方还有3条一模一样的船，4条船在海风的作用下飞快地前进。

远处似乎隐约看到黑压压的一片。"小心！恩，快趴下！"John把恩扑倒在甲板上，这时候就听到船"嘭嘭"撞击到硬木的声响。

恩侧头看去，不知道为何，船居然开进了一片甘蔗林，把几米高的甘蔗撞得东倒西歪的，有几根还差一点砸到恩的脑袋。

随着一声巨响，船停了下来。John拉起恩赶紧下了船，恩发现他们完全置身于一片甘蔗林中。John从地上捡了根长短合适的甘蔗交给恩，"拿着，这是我们唯一的武器。"恩接过甘蔗，跟着John小心翼翼地往前走。

"啊！"恩的头被什么东西砸了一下，禁不住叫了一声。

"战斗开始了，动手吧年轻人！"

这时候，恩发现无数的柠檬从天而降，冲着他们师徒二人飞快地砸了下来。

John熟练地用他们的武器——甘蔗，像打垒球一样把飞来的柠檬打了出去。恩也学着John的姿势去迎战，但还是被很多的柠檬击中，柠檬的汁水流得满身都是，身上一阵阵剧痛。

"坚持住，恩，马上就要走出去了！"

他们一边拼命地用甘蔗击打着柠檬，一边艰难地向前推进。终于视线清晰起来，远远看到一个蒙古包。无数的柠檬就是从这个蒙古包的后面飞出来的。

"只要去撞开那个蒙古包的门，我们就安全了！"

恩突然扔掉了甘蔗，强忍着疼痛飞快地向蒙古包冲过去。

"恩，小心！"

但是已经来不及了，就在恩撞向蒙古包的那一刻，一道闪电"咔嚓"一声击中蒙古包后面的那座山。一个巨大的西瓜从山顶上滚落下来，砸向恩的方向。

"快闪开！"

John拉起恩就跑，可眼前突然出现了一条大河。John看了看后面飞滚的大西瓜，拽着恩就纵身跳入了河中。河水中漂浮着好多巨大的南瓜，恩来不及反应，只是拼命地爬上一个南瓜。John也爬了上来。

"希望这次安全了！"

南瓜随着河水向前漂流。远远看到河水流进了一个很大的山洞，洞口黑黑的。

"那个山洞里还会有什么？"恩问道。

"我也不知道，但是不管有什么，要相信自己一定能出去！"

正说着，南瓜漂进了山洞，眼前顿时一片漆黑。

恩慢慢睁开眼睛，发现自己正坐在密训室里，手里拿着那张标注了黄河流经省份的地图。原来刚才的一切只是一场梦境。恩翻开任务书的下一页。

我想你现在对刚才的梦一定记忆深刻吧。

我们一起来回忆一下在刚才的梦境中遇到了哪些东西。

首先置身于一片青青的海水（青海）中，然后我们看到了四条船（四川），船后来撞到了一片甘蔗林（甘肃），然后就是自天而降的柠檬（宁夏），我们和柠檬战斗到一个蒙古包前（内蒙古），后来你在撞开蒙古包的时候触发了闪电（陕西），闪电击中了山上的一个巨型西瓜（山西），我们为了逃命跳进河里并爬上了南瓜（河南），最后我们漂进了一个黑黑的山洞（山东）。

让我们再快速回忆一下刚才的梦境。

我们依次经历了：

青青的海水，四条船，甘蔗林，柠檬，蒙古包，闪电，山上的西瓜，河里的南瓜，山洞。

没错，它们对应的正好是我们要记住的这9个省（自治区）的名称。

现在你可以闭上眼，试着把刚才的梦境按倒序回忆一遍，就从那个黑黑的山洞开始。

山洞（山东），河里的南瓜（河南），山上的西瓜（山西），闪电（陕西），蒙古包（内蒙古），柠檬（宁夏），甘蔗林（甘肃），四条船（四川），青青的海水（青海）。

不管正序还是倒序，都能清晰地回忆出每一个细节。对不对？

我想你已经非常准确地按顺序记住了这9个省份（自治区）的名称。

这就是记忆宫殿的第一秘技：串联联想。

虽然仅仅是一场梦境，恩却感觉是真实地经历过一样。

所谓串联联想，就是把需要记忆的单词逐个转换成图像，然后通过一定的相互关系串联在一起。

最简单的，比如我们要按顺序记忆下面10个词语。

杯子　苹果　树　燕子　月亮　帽子　面条　猫　飞机　扑克

好，现在轮到你了，把这10个词语串联联想试试。

恩开始试着串联这10个词语。

桌子上放着一个杯子，杯子旁边有一个苹果，苹果是从树上长出来的，树上有一只燕子，燕子对着天上的月亮说："我今天没戴帽子"，然后就开始吃面条。这时候跑来一只猫，猫是坐飞机来的，它是来找燕子借扑克的，扑克在燕子的屁股底下放着。

串联完成以后，恩开始试着回忆刚才自己的故事。

有一张桌子，上面有一个杯子，旁边有一个苹果，苹果是树上长出来的，树上有一只燕子，它边吃面条，边对月亮说自己没戴帽子，这时候来了一架飞机，从飞机上下来一只猫，它是来找燕子借它屁股底下那副扑克的。（注意：本次回忆中猫和飞机的顺序开始颠倒。）

恩又回忆了一遍。

有一张桌子，桌子上有一棵长满了苹果的树，树上有一只燕子，坐着一副扑克边吃面条，边和月亮说话，这时候有一架飞机从月亮上飞过来，飞机上下来一只猫，猫是来借燕子的扑克的。（注意：本次回忆中杯子、帽子没有了，扑克跑到前面出现。）

恩突然觉得有点乱，于是他又努力地回忆了一遍。

有一张桌子，桌子上有一棵树，树上有一只燕子，在吃面条。这时候有一架飞机从月亮上飞过来，飞机上下来一只猫，猫是来找燕子的。（注意：本次回忆中苹果、帽子没有了，扑克也没有了。）

但是恩觉得图像已经很清楚了，他开始试着回忆这10个词语。

有一张桌子，桌子上有一棵树，树上有一只燕子在吃面条，这时候一架飞机从月亮上飞来，从上面下来一只猫。

恩反复地回忆，却只能回忆出这7个词语。

桌子　树　燕子　面条　飞机　月亮　猫

恩打开任务书，重新看向任务书上的10个词语。

杯子　苹果　树　燕子　月亮　帽子　面条　猫　飞机　扑克

恩发现自己不仅没能成功地回忆出10个词语，还多了一个桌子，顺序也变得乱七八糟。

同样是做图像的串联，为什么我串联出来的图像每一次的回忆都不一样，而且离真相越来越远？

恩这时候才觉得，原来看上去非常简单的事情，做起来并不是像想象中的那么简单。但是，问题出在哪里呢？恩很是不解。

是不是看起来很简单的事情想做好也很难？

想串联起来10个词语不难，但是要想把这个串联清晰准确地记忆下来，好像没有想象的那么简单吧？

你肯定不知道自己的问题出在哪里，其实，串联的时候有些原则你必须遵守，否则你串联起来的图像就会出现问题。

下面的几条口诀希望你能牢记在心。

◎每一个词语必须有完全独立的清晰图像。

◎每个图像只能而且必须与前后的图像发生关系。

◎尽量不要出现没有关系的图像。

◎想象要夸张，甚至脱离现实。

◎最好加入一些感觉。

恩认真读了上面的五条口诀，感觉还是没有完全明白，于是他一条、一条地对照自己的联想进行核对。

第一，每一个词语必须有完全独立的清晰图像。

杯子、苹果、树、燕子、月亮、帽子、面条、猫、飞机、扑克。

每个词语都有自己的图像了。

第二，每个图像只能而且必须与它前后的图像发生关系。

什么叫只能与它前后的图像发生关系呢？恩觉得有些不理解，他开始回忆自己的图像。

桌子上有个杯子，杯子旁边有个苹果，苹果是从树上长出来的，树上有只燕子，燕子对月亮说："我没有戴帽子。"

等等，燕子对月亮说："我没有戴帽子。"谁没有戴帽子？是燕子没戴。但是燕子和帽子是不相邻的，不能发生关系。

恩似乎有点明白了。帽子的下一个词语是面条，所以燕子也不能吃面条。面条和飞机相连，但是没有发生关系。飞机从月亮上飞下来也不对，月亮和飞机不相连，也不能发生关系。恩终于明白了这一条的意思。

第三，尽量不要出现没有关系的图像。

什么是没有关系的图像？好像都有关系吧？

桌子上放着一个杯子。什么？桌子上放着一个杯子？桌子上放着？为什么会有桌子？恩突然明白为什么自己回忆的词语中多出了"桌子"。

但是没有了桌子，杯子应该放在哪里？地上？手中？床上？还是空气中？恩开始尝试把杯子放在什么也没有的地方。他闭上眼睛，认真地想象一个杯子的形状。应该是一只玻璃杯还是陶瓷杯？是白色还是红色？是粗短还是细高？有没有把儿？有没有盖？这个杯子的形状在恩的脑海中越来越具体。

但是问题又来了，把杯子放在哪里才能和下面的苹果串联起来？恩有些不明白，但是口诀的第四条说可以脱离现实，第五条说要加入感觉。

"好吧，我再重新尝试一下。"

恩在心中默念了三遍John写下的这五条口诀，然后慢慢地闭上眼睛。

不一会儿，恩感觉自己似乎回到了那个黑黑的山洞里。周围黑黑的一片，恩不知道自己在哪里，也不知道自己是坐着还是站着，似乎已经感觉不到自己的存在了。过了一会儿，恩感觉自己的眼前慢慢地亮了起来，顺着亮点看过去，原来发出亮光的是自己每天上学时带的那个水杯，浅蓝色，上面还有自己喜欢的图标。水杯的盖子可以拧下来当一个小杯子用。奇怪的是，这个杯子就这么飘浮在黑暗之中，还在慢慢地转动。

突然"嘭"的一声，水杯的盖子飞了出去，一个苹果从杯子中拼命挤了出来，苹果皮都磨得烂乎乎的。苹果一挤出杯子口，就冲着自己飞了过来，吓得恩赶紧躲开。但苹果却在他眼前突然停住了，而且变得越来越大。那个已经干巴了的苹果把儿开始慢慢地发芽、生长，而且长得越来越快，一会儿就长成了一棵大树。树干很粗，树叶也非常茂密。随着树干的一阵晃动，一群燕子从浓密的树叶中飞了出来。恩看到这群燕子向着天空飞去。天空中不知道什么时候挂上了一轮明月。月亮很大、很圆、很亮，又好似离恩很近、很近。

恩正在感叹月亮的美，突然这群燕子冲着月亮就撞了过去，有的顿时头破血流，有的却把月亮撞了个大坑出来，就像月亮上的环形山。有更多的燕子撞向月球，终于把月球撞烂了。月球就像被磕破的鸡蛋一样裂开一条缝，裂缝越来越大，从中间掉出来一个帽子，帽子居然冲着恩飘了过来，恩都能看清帽子上的花纹了。帽子中竟然还包着好多黏糊糊的面条。面条稀里哗啦地往下掉。这种用帽子装面条的做法让恩觉得有些想吐。突然一声猫叫，一只黑白相间的花猫跳起来，去咬半空中的那些面条，结果有些面条就粘在了猫头上。猫穿过半空中这一团乱哄哄的面条，一头撞到前面的一架飞机上。

恩没注意到是哪里突然飞来的飞机。当他发现飞机的时候，机身已经被猫的脑袋撞成了两半。被撞毁的飞机从恩的头顶滑过，一副副的扑克牌从断开的机身中冲着恩的脑袋砸了过来。

恩吓得一哆嗦，赶紧睁开眼睛，他又回到了密训室。

这回，恩异常清晰地看到了整个故事的每一个细节，恩现在有些明白John所说的五句口诀的意思了。

杯子里挤出苹果→苹果上长出树→树上飞出燕子→燕子撞向月亮→月亮中掉出帽子→帽子里包着面条→面条吸引了猫→猫撞到了飞机→飞机中掉出扑克

恩又快速地回忆了一遍。

杯子挤出苹果→长出树→飞出燕子→撞向月亮→掉出帽子→包着面条→吸引猫→撞向飞机→掉出扑克

恩感觉这次不但清晰地记住了10个词语的顺序，还清晰地记住了其中的一些感觉。比如，水杯盖子飞出的声响，苹果把儿发芽的惊喜，燕子撞向月亮的那种疼痛感，帽子里掉落面条的恶心，飞机从头顶滑过的恐惧。

这些感觉都异常清晰和真实。如果没有这些感觉，恩感觉对整个过程的记忆不会这么深刻。这时候恩突然明白，为什么John带着他一起经历黄河流经9个省份（自治区）的那段经历记忆会如此深刻。

从最初海水的无情，到爬上小船时的疲惫，再到撞击甘蔗林的震动，被柠檬击中时的酸疼，撞击蒙古包时的勇猛，闪电的巨响，被山上西瓜追赶时的紧张，跳入河水又爬上南瓜时的刺激，以及进入山洞前对未知的恐惧。

恩终于明白了这五句口诀的意思，他长舒一口气，然后翻开了任务书的下一页。

我想你已经对图像串联联想这条秘籍有深刻的认识了，不过我还是想再对你强调几个要点，希望你日后能够熟记这些要点，认真练习，你的图像感一定会越来越强。

知识点总结

◎串联联想的图像越具体，图像就会越牢固。

◎串联联想的时候，不相邻的词语不要有图像上的联结。

◎不要出现没有关系的图像。

◎调动全身的视、听、味、触、体等多种感觉参与联想。

◎想象的世界不存在不合理，什么事情都可以发生。

人体密码

第二天，恩用过早餐后，躺在床上想稍作休息。刚闭上眼睛，却突然掉进了一座大殿中。

大殿看上去几十米高，正中间有一个巨大的人像。巨人的头部就有五六米高的样子。它的眼睛是空的，看上去像骷髅，嘴大张着，可以清楚地看到里面巨大的牙齿。巨人的胳膊是平伸着的，两只手大得足以托起一辆汽车。

恩不知道这个巨人是做什么的？这时候John突然出现了，对恩说道：

"年轻人，今天我们要挑战的就是这个巨人！"

"怎么个挑战法？"

"看好了，我这里有12枚飞镖。"

说着，John纵身一跳，就飞到了巨人的头顶上。John拿起一枚飞镖钉在了巨人的头上，然后抓住一根头发滑了下来，准确地跳进了左侧的眼睛里，然后钉下了第二枚飞镖。John又爬到巨人眉心的位置，顺着巨人的鼻梁滑到了鼻孔正下方，在鼻孔处投下了第三枚飞镖。

John就这样灵敏地跳、滑、爬，在巨人的头、眼、鼻、嘴、耳朵、肩部、双手、前胸、后背、大腿、小腿和脚这12个部位分别钉上了飞镖。

"该你了恩，请你按我刚才投镖的顺序把这12个飞镖取回来。"

恩看着这个巨大的人像，小声地问：

"我怎么才能上去？"

"这很容易，图像记忆的第一原则就是：头脑中无所不能！你忘了？"

"我明白了！"恩轻轻地点点头，闭上眼开始想象，等他睁开眼的时候，他已经站在巨人的头顶上了。恩朝下看了一眼，John看上去是如此渺小。

这时候John突然出现在面前，说："恩，集中精力，不然会摔得很惨！"

恩不敢再胡思乱想，取了巨人头顶的第一枚镖，装进口袋，然后尝试跳进巨人的眼睛。他学着John的样子，抓住巨人的一根头发向下滑，却不知道离眼睛还有多远。他一点、一点地向下移动，越是看不到目标，越是害怕。突然这根头发断了，恩滑过巨人的鼻尖坠落了下来。他"啊"地叫一声，想，完了，这次死定了。

半空中，他听到John在喊："你的想象力呢？"

恩突然想起"头脑中无所不能"，于是闭上眼，拼命地想象巨人的眼睛。再睁开眼，周围黑黑的。他拍了拍自己的脸，意识到自己还活着。他吃力地爬起来，向着前方一个明亮的洞口走去，透过洞口，他看到了外面的大殿，他这才知道自己已经在巨人的眼睛里了。

他转身找到了第二枚飞镖，心想，原来大脑的能量如此之大。于是他大胆地爬到洞口的边缘，也就是巨人的下眼眶上，纵身一跃，跳到巨人的鼻子上，在滑过鼻尖的一瞬间，他稍一伸手，就顺利地摘到了第三枚飞镖。

然后恩凭着自己大脑想象的神奇力量，跳进巨人的嘴里，飞到巨人的耳朵上，爬上巨人的肩膀，走到巨人的手上，飞到巨人的胸前，绕到巨人的后背，又经过巨人的大腿、小腿，顺利地回到巨人的脚下，成功取回了12枚飞镖。

John接过恩交过来的12枚飞镖，问道："还记得这12枚飞镖的位置吗？"

"当然记得：它们是头顶、眼睛、鼻子、嘴、耳朵、肩膀、手、前胸、后背、大腿、小腿、脚，正好12个。"

"很好，恭喜你完成了第一关，第二关将更加困难！"

恩睁开眼睛，回到密训室，起身接了杯水。

"接下来的任务是什么呢？"恩正想着，工作人员送来了今天的任务书。

翻开任务书的第一页，看到的是一张12星座图谱。

白羊座 3.21—4.19	金牛座 4.20—5.20	双子座 5.21—6.21
巨蟹座 6.22—7.22	狮子座 7.23—8.22	处女座 8.23—9.22
天秤座 9.23—10.23	天蝎座 10.24—11.22	射手座 11.23—12.21
魔羯座 12.22—1.19	水瓶座 1.20—2.18	双鱼座 2.19—3.20

用人体桩记忆12星座：

今天的第一个任务，就是按顺序将这12个星座精灵安放到巨人的指定位置。

恩不明白，如果仅仅为了记忆这12星座的名称排序，用之前的串联联想就可以，为什么非要用这个巨人？但是他还是尝试了一下。

恩慢慢闭上眼睛。他站在巨人的脚下，12个星座小精灵就在他面前。恩必须按要求记住每个精灵在巨人身上所处的位置。

恩先抱起那只可爱的小白羊，纵身一跳，停在巨人的头顶。恩在巨人的头发中间整理出一个温暖的小窝，慢慢把小白羊放了下来。头发中长出了很多嫩绿的小草，小白羊幸福地吃了起来。

恩又抱起那只金牛，冲进巨人的眼睛。可是金牛脾气太坏，在眼睛里到处乱撞。恩一气之下，把金牛的一只角给掰了下来，刺向了金牛的眼睛，顿时一道金光从金牛眼睛中喷射而出，穿透巨人的眼眶，照向整个大殿。远远看去，巨人变成了一个两眼放金光的牛人。

接下来就是金童玉女这一对双生子了，他们要待的地方是鼻孔。恩抱起两个孩子，分别塞进了巨人的两个鼻孔。这两个调皮的小家伙从鼻孔中爬了出来，摇头晃脑地冲着恩做鬼脸。

巨大的螃蟹精灵必须要放进巨人的嘴里，但是这个螃蟹精灵太大了，恩费了好大劲只是塞进嘴里一半，另一半就这样露在外面。

狮子精灵是最凶悍的一个，不时就张开大口吼叫一声。恩刚开始有些害怕，不敢去碰这只凶猛的狮子。后来恩觉得恐惧来自自己的内心，所以恩就正对着狮子，用眼睛直直地瞪着狮子，在内心不停地说："老实点，你要听我的话！"不一会儿，这只狮子就乖乖地安静下来，轻轻摇着尾巴，像一只听话的小狗。

"好样的，跟我来吧！"恩骑到狮子身上拍了一下，狮子就飞起来冲向巨人的耳朵。恩把狮子赶进了巨人的耳朵里，狮子就乖乖地待在耳朵里，只是时不时把脑袋探出来吼叫两声，却不敢再踏出耳朵半步。

处女精灵应该是最文静的一个精灵。她长得清秀又美艳，像一个可爱的小天使，只是略显得有些羞涩，低头欣赏着手里的鲜花。

轻轻抱起这个美若天仙的处女精灵，恩慢慢地飞向巨人的肩膀，并把她轻轻地放在巨人的肩膀上。处女精灵就这样静静地坐在巨人的肩膀上，羞涩地看着恩，淡淡地笑了。

天秤精灵是一对可爱的托盘精灵，他们两个总是在一起吵吵闹闹。恩一手一个把它们拎了起来，直接扔到了巨人的手掌上，但是两个调皮鬼还是吵个不停。恩突然有了个新的主意，他把其中的一个托盘精灵抓起来，扔到了巨人的另一个手掌上。巨人的两个手掌之间有几十米的距离，两个调皮的天秤精灵再也没有办法吵吵闹闹了，慢慢安静下来。

天蝎精灵看上去很厉害的样子，高高翘起的尾巴随时准备向攻击它的人注射剧毒。恩紧紧地盯着天蝎，突然飞起一脚，就把天蝎给踢晕了，然后趁机抢起天蝎用力地扔向巨人的前胸。在天蝎撞击巨人前胸的同时，恩上去补了一脚，这只天蝎就深深陷进了巨人的皮肤中。远远看上去，就像一个巨大的文身。

射手精灵，那个奇怪的人头马正拈弓搭箭对着恩。恩大喝一声："住手！"冲上去一把夺过了它手中的弓和箭，说："你在这里老实待着！"然后把弓和箭背在了巨人的后背上。

摩羯精灵像一个羊头鱼尾的怪物，全身黑黑的，两眼还放着凶光。经过了前面的许多，恩不再对这个怪物感到恐怖，而是在思考怎么才能把这个怪物放到巨人的大腿上。恩正想着，摩羯精灵突然冲着恩就顶了过来，恩一把抓住摩羯精灵的一只角，使劲一推，不料却把其中的一只角给掰了下来。摩羯精灵疼得用力扭动着自己的尾巴。恩忽然有了主意，他抱起这个黑黑的怪物，快速地飞到巨人的大腿处，然后用这只掰下来的角，将摩羯精灵的尾巴死死地钉在了巨人的大腿上。摩羯精灵疼得惨叫了一声，便把身体紧紧贴在了巨人的大腿上，再也不动了。

水瓶精灵是一只非常可爱的玻璃瓶，瓶口还系了一条漂亮的绳子。恩直接把这个水瓶精灵绑在了巨人的小腿上，水瓶里的水立即满了，而且慢慢溢了出来，不断地滴到巨人的脚上。

恩趁机把双鱼精灵放到了巨人的脚上，双鱼精灵在巨人的两脚之间幸福地游来游去，不时地跳起来去喝几口水瓶精灵里溢出来的水。

恩站在巨人脚下，仰望着自己的战绩。

头顶上的白羊，眼中的金牛，鼻子里的双子

嘴巴中的巨蟹，耳朵里的狮子，肩膀上的处女

双手中的天秤，前胸的天蝎，后背的射手

大腿上的摩羯，小腿上的水瓶，两脚之间的双鱼

"恭喜你完成了挑战！"John说。恩听后长舒了一口气，轻轻地睁开眼睛。他翻开了任务书的下一页。

现在请你快速回忆12星座在巨人身体上的位置和顺序。

恩快速地回忆。

头顶—白羊、眼睛—金牛、鼻子—双子、嘴巴—巨蟹

耳朵—狮子、肩膀—处女、双手—天秤、前胸—天蝎

后背—射手、大腿—摩羯、小腿—水瓶、双脚—双鱼

恩感觉自己已经完全地记熟了这12个星座的名称和顺序，于是翻开了下一页。

请你把中国的12属相按顺序挂到巨人身上。

子鼠、丑牛、寅虎、卯兔、辰龙、巳蛇

午马、未羊、申猴、酉鸡、戌狗、亥猪

有了前面的经历和经验，恩只用了1分钟就顺利完成了任务。

知识点总结

◎人体桩是最实用、最方便的桩子，我们之所以在人体上找12个桩子，是因为很多的知识点都是12个，大家可以自己尝试用人体桩记忆12个月的英文单词，

这个在后面的章节还会专门讲到。凡是数量在12个之内的知识点都可以用人体桩来记忆。

◎对于本节记12生肖的案例，只需要记住12种动物，按照记12星座的方法就足够了。如果要把子丑寅卯也记住的话，还需要另外一个知识点——"谐音法"。这个大家可以借鉴在穿越黄河的案例中使用的方法。

◎大家自己可以尝试把黄河流经的9个省份（自治区）挂在人体桩上试试。

桩子密码（上）——实景桩与抽象词转图

第三天，恩已经完全适应了密训室的生活，没等电话铃响就早早起床洗漱完毕，静静地躺在床上回忆前一天训练的内容。

对于人体桩子，恩感觉已经能够熟记在心了，而且也掌握了用人体桩来记忆12条之内的任何内容的方法。但是恩一直不明白，记忆大师们能在很短的时间内记忆52张扑克、整篇的文章、几十个单词，他们究竟用的是什么方法呢？

吃过早饭，恩又投入了第三天的训练中。

在今天的训练前，请你先闭上眼睛回忆一下我们这个密训室的布局和房间内的每一样东西。

紧靠门边有两个书柜，柜子上面是敞开的格子，放了一些折叠的图纸、卡片和大大小小的道具，下面则有柜门。左侧的墙上写满了各种数字、符号，还挂了许多大大小小的文件夹。墙角是一个饮水机，靠近窗户有一张桌子，上面有笔、纸和一个被子。桌子下面有一把木质的椅子，看上去有一些陈旧。另一侧墙上有一扇带着玻璃小窗的门，应该是卫生间的门。紧挨着的是一个单人床，上面整齐地铺着被子，摆着两个枕头，左边的是红色，右边的是绿色。再往回看，门口的柜子上有一台很小的液晶电视，下面还带有DVD播放机。门后面的墙上挂着一部白色的台式电话，上面只有一个重拨键。

很好，我们对这个房间的物品按顺序进行编号。

序号	物品	序号	物品	序号	物品
1	门	4	墙	7	窗户
2	柜子	5	文件夹	8	桌子
3	格子	6	饮水机	9	杯子

序号	物品	序号	物品	序号	物品
10	椅子	12	沙发	14	DVD机
11	玻璃门	13	电视	15	电话

好，现在请你闭上眼，按顺序把这15件物品再在脑子里回忆一遍。回忆的时候认真去体验和感受每一件物品的空间位置。

恩轻轻闭上眼，突然感觉自己所处的密训室一下子扩大了几十倍，桌子十几米高，桌子上的杯子也有一米多高。这时候一架宇宙飞船慢慢地停在恩的面前，门缓缓地打开。

恩走进飞船，这是一架几乎全透明的飞船。船体并不大，就像一辆单人驾驶的汽车。恩坐在驾驶位置上，轻触开关，飞船就腾空而起，恩驾驶着飞船向着那扇几十米高的门飞去。

恩刚开始驾驶得很不熟悉，飞船飞得东倒西歪的，但还是飞到了门口的位置，恩用飞船上的武器瞄准门的正中央，然后把第一枚标记弹射向了门板，门板被标记弹瞬间照亮，并渐渐化作一个"1"字。

恩推动方向杆，向右下方旋转，然后向前推进，飞到书柜下方柜门的正前方，然后将"2"号标记弹投了出去。飞船缓缓上升，在书柜的格子处投下了"3"号标记弹。之后，恩又慢慢驾驶飞船，依次在后面的墙上、文件夹、饮水机、窗户、桌子、玻璃杯、椅子、玻璃门、沙发、电视、DVD机、电话上投下了4～15号标记弹。

回到房间的正中间，恩驾驶飞船飘浮在房间的半空中，环顾周围的这15个标记，感觉每件物品在大脑中的形象更加清晰了。他又重新开动飞船，这一次，他的驾驶速度快了很多。他从门口出发，以每秒一个标记的速度快速地飞了一圈。

恩觉得还可以更快，他稍作调整，又一次从门口出发，这一次，他飞完15个标记只用了8秒。恩觉得这还不是极限，他感觉应该还有更快的办法走完这15个点。他让飞船稍稍远离目标，让自己的视线能够同时看到两个或者三个点。他选了一个能够同时看清门和书柜的位置，开始沿着这15个点连成的曲线快速地飞行，这次他用了5秒，然后是4秒、3秒、2秒……

恩慢慢睁开眼睛，现在他感觉即使蒙上眼睛，也能够非常熟练地走到房间的任何一个位置，而且能够随意报出房间内任何一件物品的编号。

好，我想你现在对这15件物品已经非常熟悉了。我们的挑战就要开始了，我们今天要记忆的内容是：

千 字 文

01 天地玄黄，宇宙洪荒，日月盈昃，辰宿列张。

02 寒来暑往，秋收冬藏，闰馀成岁，律吕调阳。

03 云腾致雨，露结为霜，金生丽水，玉出昆冈。

04 剑号巨阙，珠称夜光，果珍李柰，菜重芥姜。

05 海咸河淡，鳞潜羽翔，龙师火帝，鸟官人皇。

06 始制文字，乃服衣裳，推位让国，有虞陶唐。

07 吊民伐罪，周发殷汤，坐朝问道，垂拱平章。

08 爱育黎首，臣伏戎羌，遐迩一体，率宾归王。

09 鸣凤在竹，白驹食场，化被草木，赖及万方。

10 盖此身发，四大五常，恭惟鞠养，岂敢毁伤。

11 女慕贞洁，男效才良，知过必改，得能莫忘。

12 罔谈彼短，靡恃己长，信使可覆，器欲难量。

13 墨悲丝染，诗赞羔羊，景行维贤，克念作圣。

14 德建名立，形端表正，空谷传声，虚堂习听。

15 祸因恶积，福缘善庆，尺璧非宝，寸阴是竞。

虽然恩小时候也学过《千字文》，但是到现在也只记住了"天地玄黄，宇宙洪荒"这一句。

恩看了今天需要记忆的内容，感觉有些迷茫，这些东西和刚才熟悉的这15个点有什么关系呢？别说记了，恩根本理解不了这些文字究竟在说些什么，简直跟天书一样。恩有些困惑，不知道今天的挑战应该如何完成。

从现在开始，你就是一个导演，房间的每一点就是一个舞台，《千字文》的每一行就是一个剧本。你只需要把剧本的内容安排给演员，让他们在固定的舞台上演出就可以了。

至于演得怎么样，有没有道理，有没有市场，是不是剧本原本的意思都不重要，重要的是当你每走到一个舞台上的时候，你能清楚地回忆出这里曾经上演的内容，而且能够帮你默写出原剧本的内容，你的挑战就成功了。

恩有些明白了，他拿起剧本（《千字文》），闭上眼睛，重新走进了那艘宇宙飞船。不同的是，这次他不再是去投弹，而是要去彻底地过一回当导演的瘾。

恩满怀信心地开动了飞船，刚想出发，John突然闯进飞船说："别急，你还有一件很重要的事要干，先跟我来！"说着，John接管了飞船，恩感觉眼前一闪，到了一个广阔的草原上。

还有一件很重要的事，就是你必须先学会"谐音法"。不掌握这项技术，你是不可能在短时间内完成这次挑战的。还记得我们前几天做的"串联联想"的训练吗？接下来我给你10个词语，你试一下用串联联想的方法来把它们记下来。

恩想，串联联想还不容易吗，虽然我没有John那样又快、又清晰的联想构图能力，但是一分钟时间记忆10个词语还是轻松的。

这时候，John一挥手，草原上立即出现了10个大大的木牌，一字排开，每个牌子上面写着一个词语。

逻辑　充足　愉快　经济　供应　流量　申请　控制　坚持　果然

恩看到这10个词语，顿时就傻了。不用说串联联想了，根本就没有一个词语能够形成图像。恩只能用最笨的办法——声音记忆，试图在最短时间内记下这10个词语。

John早就料到恩的处境，说道："是不是串联联想对这样的词行不通了？面对这样的词，我们就不能仅靠以前训练的串联联想了。"

"这样的词怎样才能形成图像呢？"

"这个问题问得很好，至少你知道我们最终还是要把它们转换成图像的。"

"那当然，图像记忆的效果好呀！"

"这类词语叫抽象词语。"

"抽象词语是什么意思？"恩问。

"与抽象对立的叫具象词，比如，苹果、衣服等有着对应图像的词叫具象词，没有对应图像的词叫抽象词。你可以理解为：所谓抽象词就是一个人闲得难受，一边抽打大象，一边造出来的词。"

"哈哈，这个比喻不错！"

"是啊，因为'抽象'这个词本身就是一个抽象词啊！"

"有点绕口令的感觉，不过John先生的这个比喻让我一下子明白了。是不是'逻辑'我就可以想象成'裸鸡'，'充足'我就可以想象成'虫足'啊？"

"很好，你说的这种方法就是抽象词语转图的第一种方法，叫'谐音法'。但并不是所有的抽象词都可以通过这种方法来转成图像。"

"什么样的词语不能呢？"

"当你遇到它们时，你自然就明白了。你先试着把这10个词语转图试一试吧！"

恩开始对这个10个词一个一个地转图。

逻辑（裸鸡）　　　充足（虫足）　　　愉快（鱼块）　　　经济（　　　）

供应（　　　）　　　流量（　　　）　　　申请（神情）　　　控制（空纸）

坚持（尖齿）　　　果然（果然多）

其中的三个词语，恩怎么变换声调去谐音也想不出一个具象的词，包括"申请"转换成"神情"恩也觉得不是很满意，因为神情也不是一个可以立即转换成图像的词。

"我明白了，John先生，有几个词怎么谐音也转换不成图像，比如，'供应'这个词，应该如何转换图像呢？"

"'供应'可以谐音成'拱鹰'或者'宫影'这不太容易想到。有时候我们花太长的时间去通过谐音法转换一个词很不值得，所以有必要掌握另一种技术，我管这种技术叫'潜意识出图法'。"

"潜意识是什么？"

"这个以后有机会你会学到，现在我只传授给你用法就好了。"

"好的，John先生。如何出图？"

"非常简单，当你看到'供应'这个词语的时候，你脑海中出现的第一幅画面，或者说第一个场景是什么样的？"

"我想到的是好多人排队领免费供应的盒饭。"

"很好，你现在把这个图像在大脑里强化一下。以后凡是你想起领盒饭的场景，就会想起'供应'这个词。"

恩闭上眼睛，看到一堆人排着长长的队伍。队伍最前面有一张桌子，桌子后面整整齐齐地码了好多盒饭。每个人只需要在桌子上的登记表上签上自己的名字，就能从旁边的工作人员手中拿一盒热腾腾的盒饭。这盒饭真的是免费供应的啊！

"好了，你现在试着为其他几个词语构建一下图像吧！"John打断了恩刚才的思路。

恩走到每一块木牌面前，用刚才John教的潜意识出图法给每个单词构建图像。

经济——看一群人指着股市交易所里的那个屏幕，讨论着永远也听不懂的经济问题。

流量——五一黄金周，长城上满满的全是人，不用说欣赏美景了，就算是想去洗手间也挤不出去，这一天的客流量得有几十万吧！

恩觉得这种方法比谐音出图的速度要快得多，问道："那为什么不能所有的单词都用这种潜意识出图法呢？"

"这种方法虽然出图速度快，但是有一个缺点，就是可能有很多词语会对应同样的图像。当这些词一起出现的时候，就不好区分了。"

"不同的词还会对应同样的图像？"

"是的。比如，'经济'这个词，很多人对它的第一印象是一沓钱，而且是一捆、一捆的百元大钞。但是对于'工资、富裕、资金、财务、利息'等词，我们同样容易联想到类似的图像，这就不利于我们去区别和记忆它们。"

"那怎么解决这样的问题呢？"

"一般情况下，我们一是能用谐音的尽可能用谐音；二是在进行潜意识出图的时候，如果遇上类似的情况，我们尽可能为图像的一些细节和属性进行一些变化，以区别开来。"

"属性？"

"对。比如，'工资'可以想象成钱包里的几张人民币，'富裕'可以想象成满屋子都是百元大钞，而'资金'可以想象成一个小型的手提箱里有几沓百元大钞。这样一来，同样是百元大钞的图像，其实已经有了明显的区别。当我们在大脑中进行强化以后，它们实际上就变成了另外的三张图：钱包、大房子、手提箱。"

"哦，我明白了！"

"有了这两种方法以后，不管你遇上什么样的词语，都能轻松地转换成图像了。特别是在记忆古汉语的时候，这两种方法结合运用，就能快速地把晦涩难懂的古文轻松地转换成生动形象的图像。"

恩终于明白了，为了更好地掌握，他决定把刚才用谐音法转化完的词语也用潜意识出图法尝试着重新构建一遍图像。

知识点总结

◎实景桩（就是我们亲身到过的地方）是我们应用最广泛也是最方便的一种桩。它在我们大脑中的印象和空间感好，方便我们快速地回忆整个桩子。我们自己的家、亲戚朋友的家、办公室、办公楼、小区、街道、公园，我们去过的任何一个地方都能找出很多有标志性的点当作桩子使用。只要日积月累，我们大脑中的桩子就会越来越多。

◎谐音转图和潜意识转图是塞进来的一段知识。其实在前面穿越黄河的时候我们已经用过，这里再系统地讲一下，便于大家下一节在训练记忆古汉语的时候理解和掌握。

请读者尝试写出每个词语构建的图：

逻辑 充足 愉快 经济 供应 流量 申请 控制 坚持 果然

桩子密码（中）——古汉语在实景桩上的应用

恩回到飞船上，开始导演他的15部电影。有了刚才的技术训练，恩更加信心百倍了。他熟练地驾驶飞船，停靠在第一个舞台"门"的位置，然后拿出第一个剧本。

01 天地玄黄，宇宙洪荒，日月盈昃，辰宿列张。

"第一个剧本该怎么拍呢？"恩想，"首先得把这四句话16个字转换成能够形成图像的信息才可以。有了刚才的谐音转图和潜意识出图法，恩很快就构思好了，第一部电影就在第一个点"门"上上演了。

随着"咔嚓"一声巨响，门上被炸开了一个大洞，原来是盘古开天地了。透过大洞，看到一团混沌渐渐分开了天地，中间悬浮着一个黄色的小球，就像鸡蛋黄。这个蛋黄慢慢飘向了深邃、神秘的宇宙。蛋黄慢慢变成红色，并且剧烈地晃动起来。终于，蛋黄分裂开来，变成了太阳和月亮，一左一右。太阳是圆的，月亮是缺的。

有人大早上起来把衣服的袖子撕裂了，裂得像纸一样一张张的。

恩让刚才的情景重新上演了一遍。

天地初开，中间悬浮着一个蛋黄。蛋黄飞向茫茫宇宙，变成红色并剧烈晃动。最终，蛋黄变成日月，一圆一缺。有人早晨把袖子撕得一张张的。

恩驾驶着飞船飞到了第二个舞台：柜子。在这里即将上演的是：

02 寒来暑往，秋收冬藏，闰馀成岁，律吕调阳。

柜门"吱"的一声，打开了，从里面走出一个穿着厚厚棉衣的人。从他哆哆嗦嗦的神态可以看出天气好冷，他就这样慢慢向我们走来。冬去夏来，这人很快把身上的衣服脱得只剩一条短裤，还浑身流汗。他一边摇着扇子，一边擦着汗往一片稻田走去。就要秋收了，稻子都成熟了，一个个饱满的、沉甸甸的谷穗慢慢聚合到了一起，藏进了一个冰雕的房子里。这时候有人突然抢起一条鱼把冰雕的房子砸了个粉碎，一头绿色的驴从里面跑出来并跳过一只可爱的小羊。

恩又快播了一遍这部电影。

一个人从寒冬走来，在暑天离去，走进快要秋收的稻田，粮食冬天藏进了仓库。某人抢鱼砸碎了仓库，一只绿驴跑出来，跳过一只羊。

恩感觉只拍了两部电影就很累了，什么时候才能拍完这15部电影，何况这只是《千字文》的一部分，如果要拍完全文，则需要63部这样的电影。

恩觉得这样下去可能根本完成不了，他决定先休息一下，顺便想想是不是什么地方出了问题。恩起身倒了杯水，他对着这杯水发呆，大脑却在飞快地运转。他想肯定有其他方法把电影拍得更简单一些，如果所有电影都拍成这样，工作量太大了。

但是他想来想去，也没有想出什么好的解决办法。恩第一次拨通了John的电话。

"John先生，我感觉自己的方法不对？"

"为什么呢？"

"我感觉为了记住16个字，而设计这么复杂的一部电影出来，所投入的时间、精力和记忆的数量相比差距太大。"

"你带我去看看你制作的电影吧！"

恩驾驶着飞船，John就坐在身边。他们悬停在门正中间的部位，正好可以全角度地观赏门板上所上演的第一部电影。

随着"咔嚓"一声巨响，门上被炸开了一个大洞，原来是盘古开天地了。透过大洞，看到一团混沌渐渐分开了天地，中间悬浮着一黄色的小球，就像鸡蛋黄。这个蛋黄慢慢飘向了深邃的、神秘的宇宙。蛋黄慢慢变成红色，并且剧烈地晃动起来。终于，蛋黄分裂开来，变成了太阳和月亮，一左一右。太阳是圆的，月亮是缺的。

有人大早上起来把衣服的袖子撕裂了，裂得像一张张的纸。

看完了这部电影，John说道："很不错，无论是从整体的构架还是细节的设计，都很完美。为什么说自己做得不够好？这些图像不能帮你回忆出原文吗？"

"不，John先生，记忆没有问题，只是效率太低了，我需要花好长时间才能构建出一部电影的图像，如果按这个速度，我死记硬背也早背完了。"

"你在怀疑这种方法的可行性，对吗？"

"是的，有这种怀疑！"

"你还记得我们最初测试的时候，记忆的三种模式吗？"

"记得。声音、逻辑、图像。"

"很好。那你知道记忆效率最高的是什么模式吗？"

"当然是图像模式。因为右脑的速度是左脑的许多万倍呀！"

"你说得没错，可是最好的记忆模式并不是图像记忆模式！"

"什么？难道还有更好的第四种模式？"

"不要着急，你跟我来。"

John带着恩穿越到一个大寺院，一群僧人正在里面打坐念经。恩听不懂一个字，只听到一些"mo ha ye la jie"类似的发音。

"John先生，他们念的是什么意思？"

"他们念的是梵文的经文，我们没法理解其中的意思。一段经文可能需要几个月甚至几年的时间才能记熟。"

"这就是纯粹的声音记忆？"

"是的。"

"那记忆这样的信息有没有好的办法呢？"

"有，我知道中国有一位年轻的女博士（就是友情客串本书文稿校对的赵静博士），学习了记忆宫殿的方法以后，很快就把《大悲咒》全文和《楞严咒》全文背了下来。"

"那她用的是什么方法呢？"

"这个我也正在研究，我想很快就会有答案的。"

恩便没有再问下去，但是他还是不明白，让他来听和尚念经和他记忆《千字文》有什么关系。

"你现在是不是不明白，为什么让你来参观和尚念经？"

没等恩回答，John又问道："你知道声音记忆靠的是人体的哪个器官吗？"

"当然是嘴！"

"错了，是耳朵。"

"耳朵？怎么会，我们背东西的时候，不都是靠嘴来读吗？"

"你可以尝试一下，现在我给你反复吟诵一段经文，你只需要听，不需要跟读！"

John开始很认真地诵读经文："na mo，ha la da na，duo la ye ye na mo，ou li ye po lu jie di，shuo bo la ye。"

恩什么也听不明白，甚至很多的音节他都听不清John读的是什么。

John读完了第一遍，也不管恩什么感受，开始认真地读第二遍，然后读第三遍。从第四遍开始，John诵读的速度明显加快，而且越来越快，当读到第十遍的时候，John诵读的速度已经达到了刚开始的三四倍。而他的速度还在不断加快，恩感觉已经听不清John读的是什么了。

突然，John放慢了速度，恢复了刚开始诵读时的那种速度。这时候恩觉得整个世界像是放慢了节奏一样，当John刚读出一个音节时，恩就可以轻松地提前反应出下一个音节是什么，而且也情不自禁地小声诵读起来。

虽然，这次只靠耳朵听，恩已经记住了这段经文。但是恩还是不明白，自己还没拍完的电影难道要用这种方法来记吗？

John拉了一把恩，说："我们该去下个地方看看了。"说话间，他们穿越到了古代皇宫，周围的房子看上去都很金碧辉煌。从来来往往的人的穿着打扮看，这似乎是在清朝。

John带着他走进了一间书院，一个老先生正在教一群小孩子读书。这应该是阿哥们读书学习的地方。

"人之初，性本善。"

"人一之一初，性一本一善。"

"性相近，习相远。"

"性一相一近，习一相一远。"

老先生读一句，这些小阿哥们就跟着摇头晃脑地念一句。

这时候，John问："你觉得这些小孩子能理解《三字经》的意思吗？"

恩看了看这群小阿哥们，大的有十岁，小的也就两三岁的样子。自己都十三岁了，也只能理解其中一部分的内容，何况这些几岁的小娃娃。

"应该理解不了！"

"可他们为什么能记住？"

"应该就像是记《大悲咒》一样吧？"

"如果现在让你来记《三字经》，怎么记？"

"我肯定会先看看白话的解释，理解《三字经》的意思，再去记忆。"

"很好，理解了以后，怎么记呢？我们先不考虑图像记忆。"

"肯定是一边理解意思，一边熟读，多读几遍，就是靠声音记忆啊！"

"没错，现在你就来试一下。跟我来！"

恩和John一下子从皇宫穿越到了一个房间，房间的墙上密密麻麻地写满了《三字经》。按照John的要求，恩不采用图像记忆，而是用熟读、理解、念诵的方法来记忆。John说："我给你一小时的时间，你尽自己最大努力去记，记多少算多少。"

先读一遍：人之初，性本善，性相近，习相远

理解意思：人生下来的时候都是好的，只是由于成长过程中，后天的学习环境不一样，性情也就有了好与坏的差别。

理解之后，再读三遍。

先读一遍：苟不教，性乃迁，教之道，贵以专

理解意思：如果从小不好好教育，善良的本性就会变坏。为了使人不变坏，最重要的方法就是要专心、一致地去教育孩子。

理解之后，再读三遍。

先读一遍：昔孟母，择邻处，子不学，断机杼

理解意思：战国时，孟子的母亲曾三次搬家，是为了使孟子有个好的学习环境。一次孟子逃学，孟母就割断织机的布来教子。

理解之后，再读三遍。

……

恩就这样一段一段地记着，时间很快，一小时过去了，恩看上去也已经记住了不少内容。这时候John说："好了，你现在可以来把自己记住的内容复述出来了。"

John带着恩从房间里出来，来到海边，风吹起的海浪轻轻地拍打着岸边的岩石。

"John让我来这儿复述，估计是想让海浪的声音干扰我的注意力。"恩想，不过他胸有成竹。

"开始吧！"John说。

"好。"

"人之初，性本善，性相近，习相远。苟不教，性乃迁，教之道，贵以专。昔孟母，择邻处，子不学，断机杼。窦燕山，有义方，教五子，名俱扬。养不教，父之过，教不严，师之惰。子不学，非所宜，幼不学，老何为？……"

恩卡住了，半天也没想起下句是什么。

这时候John提示道："玉不琢"。

"哦，对！玉不琢，不成器，人不学，不知义。"

然后恩又卡住了，John再次提示："为人子。"

"哦！为人子，方少时，亲师友，习礼仪。"

又是沉默，John第三次提示："香九龄。"

"香九龄，能温席，孝于亲，所当执。"

每次恩只能背出John提示后的四句。这时，John说："好了，你不用再背下去了。我不是批评你记不住，而是希望你能从这种结果中领悟出一个规律。"

"什么规律？"

"你自己想想，你记的时候是四句、四句地记，但是却经常四句全都忘掉，根本想不起下一句是什么。但是只要我提醒你前面的一句，你就能非常轻松地说出后面的三句。"

"确实是这样。"

"那是不是有一种办法能让你记住每四句的第一句呢？"

John卖了个关子，淡淡地一笑，静静地看着恩。

恩突然意识到问题的答案，惊呼了一声，"是桩加图像？"

"我们该回密训室了！"John满意地冲恩笑了笑，消失了。

恩一下子回到了密训室。他看着手中的《千字文》，想到从刚才的经历中悟出来的道理，一下子明白了接下来的十几部电影应该怎么拍了。

恩坐在椅子上，重新整理了一下思路，他决定把之前拍好的两部电影也废掉，重新来设计制作。因为恩知道，图像记忆追求的不仅是记得牢，还要记得快。

恩深吸了一口气，打起精神，坐进飞船，重新开始了自己的快速电影之旅。

第一个舞台：门。

01　天地玄黄，宇宙洪荒，日月盈昃，辰宿列张。

恩先去认真读懂了原文的释义：天是青黑色的，地是黄色的，宇宙形成于混沌蒙昧的状态中。太阳正了又斜，月亮圆了又缺，星辰布满在无边的太空中。

理解完了意思，恩从原文中找到了他所认为的四个关键词：玄黄、洪荒、盈昃、辰宿。接下来，恩用潜意识出图法将这四个词转换为四个图像：鸡蛋黄、洪水、影子（盈昃）、晨袖，然后和舞台"门"串联在一起。

门上悬浮着一个蛋黄，蛋黄碎了，里面冒出来好多的洪水，洪水冲倒了一个黑色的影子，影子挣扎着爬起来去拉一只早晨的袖子。

电影制作完成，恩试着回忆了一遍，图像很清晰。但是恩感觉这种简单的制作图像的方法有可能没法帮助自己完全回忆出原文，于是恩把这四句原文的朗读录音作为旁白放到电影中，而且是与设计的图像同步播放的。

这时候，恩一边欣赏着自己制作的这部新电影，认真地回忆着自己设计出来的电影图像，耳朵被原文朗诵的旁白充斥着，一边跟着朗诵的节奏小声地读着。

恩想起John问他，到底哪种模式的记忆效率最高，恩原先觉得是图像，也曾怀疑还有第四种记忆模式。现在他才明白，其实都不对。最好的记忆模式是：三种模式同时启动。

不管是《三字经》还是《千字文》，理解原文的释义，就是启动逻辑记忆通道。关键字谐音或者潜意识出图再挂桩，就是图像记忆。再去反复听读原文就是声音记忆。

接下来，恩很快就用这种模式把剩下的14部电影全部制作完成了。

舞台	原文	释义	关键词	电影
柜子	02 寒来暑往，秋收冬藏，闰馀成岁，律吕调阳。	寒暑循环交替，来了又去，去了又来；秋天收割庄稼，冬天储藏粮食。积累数年的闰余并成一个月，放在闰年里面；古人用六律六吕来调节阴阳。	寒、秋、收、抢鱼、绿驴	柜子里走出来了个雪人，走进稻田，抢起鱼打了一头绿驴。
书柜上面的格子	03 云腾致雨，露结为霜，金生丽水，玉出昆冈。	云气上升遇到冷空气就形成了雨，夜里露水遇冷空气就凝结成霜。黄金产在金沙江，玉石出在昆仑山岗。	云、露、金、玉	格子上飘着云彩，滴下好多露水，滴到金子上，金子上还镶着一块玉。
墙	04 剑号巨阙，珠称夜光，果珍李柰，菜重芥姜。	最锋利的宝剑是"巨阙"，最贵重的明珠是"夜光"。水果里面最珍贵的是李子和柰子，蔬菜中最重要的是芥菜和生姜。	剑、珠、果、菜	墙上插着一把剑，剑上挂着一串珠子，珠子上吊着一个果子和一棵白菜。
文件夹	05 海咸河淡，鳞潜羽翔，龙师火帝，鸟官人皇。	海水是咸的，河水是淡的，鱼儿在水中潜游，鸟儿在天空中飞翔。龙师、火帝、鸟官、人皇，这四个都是上古时代的帝皇官员。	海、鳞、龙、鸟	文件夹打开，冒出好多的海水，里面有很多鱼鳞，一条龙从鱼鳞中冲出，去咬空中的一只鸟。

舞台	原文	释义	关键词	电影
饮水机	06 始制文字，乃服衣裳，推位让国，有虞陶唐。	仓颉（jié）发明创制了文字，嫘（léi）祖制作了衣裳。唐尧、虞舜两位君主英明无私，主动把君位禅让给了功臣贤人。	屎、奶、推、鱿鱼	饮水机上有一坨屎（有点恶心，但是保证你印象深刻），屎上面有一杯牛奶，有只手推倒了牛奶杯，从里面掉出来一只鱿鱼。
窗户	07 吊民伐罪，周发殷汤，坐朝问道，垂拱平章。	安抚百姓，讨伐暴君，是周武王姬发和商王成汤。贤明的君主坐在朝廷上向大臣们询问治国之道，垂衣拱手，毫不费力就能使天下太平，功绩彰著。	吊民、发汤、坐、锤章	窗户上吊着一个农民，有人端着碗过来发给他，他坐下来拿锤头把一个印章给砸平了。
桌子	08 爱育黎首，臣伏戎羌，退迩一体，率宾归王。	爱抚、体恤老百姓，各族人俯首称臣。全天下统一成一个整体，老百姓都归顺于他的统治。	爱鱼、沉浮、虾耳、率	桌子上有一条爱鱼在空气中沉浮，撞了一只虾，虾前面的大刺扎进一只耳朵里，一面大帅旗插在耳朵上。
杯子	09 鸣凤在竹，白驹食场，化被草木，赖及万方。	凤凰在竹林中鸣叫，小白马在草场上吃着草食。圣君贤王的仁德之治连草木都沾到了恩惠，恩泽遍及天下苍生。	鸣凤、白驹、化被、万方	杯子里有只鸣叫的凤在欺负一只正在吃草的白马，一床被子扔进杯子很快就融化了，里面露出一万个魔方。
椅子	10 盖此身发，四大五常，恭惟鞠养，岂敢毁伤。	人的身体发肤分属于"四大"，一言一动都要符合"五常"。诚敬地记得父母的养育之恩，哪还敢毁坏损伤自己的身体。	盖茨、四五、鞠躬、伤	椅子上坐着世界首富盖茨，一只手伸四个指头，另一只手伸着五个指头，有个人冲他鞠躬，用手挡着身上的一处伤。
玻璃门	11 女慕贞洁，男效才良，知过必改，得能莫忘。	女人要仰慕持身严谨的贞洁女子，男人要仿效有才有德的好人。知道自己错了，就一定要改正；坚持做适合自己干的事，不要放弃。	女墓、男笑、改、忘	玻璃门上有一块墓地，有个女的在哭，旁边一个男的在笑，女的生气地批评这个男的不应该笑，要知错就改，不能忘了自己是干啥的。

舞台	原文	释义	关键词	电影
沙发	12 罔谈彼短，靡恃己长，信使可覆，器欲难量。	不谈论别人的短处，不依仗自己的长处而不思进取。诚实的话要经得住考验，气度要大到让人难以估量。	网、米、信、奇玉	沙发上扔着一张网，里面全是大米，大米里埋着一封露了一半的信，信封里装着的一块奇玉也露了一半出来。
电视机	13 墨悲丝染，诗赞羔羊，景行维贤，克念作圣。	墨子悲叹白丝被染上了杂色，《诗经》赞颂羔羊能始终保持洁白如一。要仰慕圣贤的德行，克制私欲，努力效仿圣人。	墓碑、诗、警、念	电视上有一块很大的墓碑，上面刻了一首诗，一个警察在大声念。
DVD播放机	14 德建名立，形端表正，空谷传声，虚堂习听。	有了良好的道德，就会有好的名声；形体端庄了，仪表就正直了。空旷的山谷中呼喊声能传得很远，宽敞的厅堂里说话声非常清晰。	德、形、空谷、学堂	DVD机上就像广场，有人在做公益，穿着板板正正，他大喊一声口号，声音穿过空谷，冲向学堂。
电话机	15 祸因恶积，福缘善庆，尺璧非宝，寸阴是竞。	祸是因为恶积累得太多，福是缘于善的回报。一尺长的美玉不一定是宝贝，一寸光阴才是值得珍惜和争取的。	祸、福、尺、寸	电话机被两个神仙抢来抢去，一个是祸神，另一个是福神，他们一个拿着长尺子，另一个拿着一寸长的镜子。

恩终于拍完了这15部电影，他闭上眼睛，把这15部电影在脑子里快速过了一遍。

【注】请在大脑中快速过一遍15个地址（舞台）和15组图像。

序号	舞台	图像
01	门	蛋黄、洪水、影子、晨袖
02	柜子	雪人、稻田、抢鱼、绿驴
03	书柜上面的格子	云、露水、金、玉
04	墙	剑、珠、果、菜
05	文件夹	海、鳞、龙、鸟
06	饮水机	屎、奶、推、鱿鱼
07	窗户	吊民、发汤、坐、捶章
08	桌子	爱鱼、沉浮、虾耳、率

序号	舞台	图像
09	杯子	鸣凤、白驹、被子、魔方
10	椅子	盖茨、四五、鞠躬、伤
11	玻璃门	墓地、女人、男笑、教育
12	沙发	网、米、信、奇玉
13	电视机	墓碑、诗、警察、念
14	DVD播放机	德、形、山谷、学堂
15	电话机	祸福两神、尺、寸

知识点总结

◎读者在训练这一段内容的时候，不要读完就完了，一定要按照描绘的图像在自己的大脑里构图，想象它们真实地在地点桩上再现。同时，在回忆图像的时候，自己要小声而快速地重复诵读原文。只有这样，才能真正地体会和掌握古文记忆的技巧。

◎记忆古文的基本步骤：

读准原文——理解意思——找关键字——转图——定桩——回忆——速听

◎速听其实是不停快速地读，后面我们会讲解如何利用软件来帮助速听。

桩子密码（下）——虚拟桩的应用

第四天，用过早餐后，恩躺沙发上回想昨天记的《千字文》，思考一个问题：

《千字文》有1000个字，如果按每个桩存放16个字来算，还需要六十多个桩。到哪里去找这么多的桩子呢？

恩想到了自己的家。他尝试着从自己家的客厅、卧室、厨房、书房、卫生间里又找出了50个点，然后开始反复地回忆。但是想着想着，恩的思路变得模糊，他开始想起了妈妈，想起了自己的那些死党，想起了珊。"几天没有见到他们了，他们还好吗？"

已经待在这个房间四天了，一开始对于获得记忆秘籍的兴奋已经渐渐消退，虽然这几天的训练很有趣也很有用，但是恩还是不可避免地开始思念亲人、朋友，也有些怀疑这个训练的作用。

"这个训练真的有用吗？如果我还是以前的样子，回去一定要挨妈妈一顿骂，珊也不会正眼瞧我。我希望这个训练真的有用，这样妈妈就不会生气。"想到这里，恩又气愤又委屈，"难道我只有读书好，妈妈才会爱我吗？"

电话铃声响了，打断了恩的思绪。原来是工作人员送来了今天的训练任务。

恩深吸了一口气，跑进卫生间洗了把脸，对着镜子里的自己说："恩，你一定能行！"然后果断地打开了今天的训练内容。

先试着记住下面12处地点的顺序。

船形建筑—球形的花—草坪—楼下的汽车—草帽形楼顶—铁塔—钟楼—招牌—树—路灯—电视—白楼

恩没去过这个地方，他也不知道这张照片是什么地方，但是他还是试着按顺序记住了这12个地点。

恩先把飞船停在那个船形建筑的桅杆上，这两根巨大的方形的桅杆是混凝土结构的，外面还贴了白色的瓷砖。他调整飞船的角度，从桅杆的最顶端急速俯冲下来，紧贴着那个球形的冬青飞过，稳稳停在草坪上。这个绿绿的草坪让他想起来学校的足球场。他缓缓地飞向楼下停着的几辆汽车，看清了汽车的品牌、型号和车牌号码，然后拉动操作杆，飞船急速上升，稳稳停在了那个又像帽子又像托盘的奇怪楼顶，上面就像个宽阔的广场。恩的飞船继续上升，沿着那个铁塔一层层向上，一直飞到了铁塔的顶端。在这个高度可以俯视全景了。从铁塔直接冲向了那个钟楼，沿着这个钟楼四个面旋转一周，恩发现四个面的时钟所指示的时间居然不一样。飞船继续向下，一层是个通信公司的营业大厅，飞过大厅的门口，北面是一排郁郁葱葱的大树，树干和树枝几乎把那条马路给遮挡了起来。穿过这条阴凉的马路，沿着一个路灯的杆向上攀升，就到达了像一朵白色的花一样的路灯。每个灯罩都有篮球那么大。从这个高度直接向前飞去，就到达了巨型电视墙的位置。这个电视墙看上去得有十几米高，接近二十米宽的样子。飞船到达电视墙的顶端，已经和旁边楼房的四层窗户差不多平齐了。稍一加速，恩的飞船就飞上了楼顶。在楼顶，恩环顾了一下自己刚才飞过的点和路线，现在需要用最快的速度按原线回到起点的位置。

准备好，出发。

楼顶—向下—电视—向下—路灯—向下—树—向下—大厅—向上—钟楼—向上—铁塔—向下—楼顶—向下—汽车—向后—草坪—向上—冬青球—向上—桅杆

【注】建议读者在练习过桩的时候，一定要掌握这样的节奏。就是第一遍要慢慢过，就像恩坐着飞船欣赏美景一样，感受每个点的细节。第二遍开始加速，然后速度越来越快，最后达到能在一两秒时间全部过完这12个地点的效果。

恩顺利地完成了这12地点的记忆后，翻开了今天的训练内容。

虚拟桩，就是自己没有亲身去过的地方，仅凭一张照片或者图片来想象的地点。这是我们最常用的桩。因为虽然我们亲自去过、待过的地方会印象深刻，但是这样的地点毕竟是有限的。所以我们可以把别人拍的照片或者画出来的场景作为桩子来用，我们把这种桩子叫作虚拟桩。

下面请你在下面这张照片中找出10个以上可以当作桩的标记点。

恩看着照片，感觉上面的所有东西都可以当桩来用，但又觉得哪个也不能用。对于恩来说，按顺序记下已经找好的桩子已经很轻松了，因为恩已

经掌握了飞船观察地法，而且觉得这种方法还是比较好用的。实际上也确实如此。

但是让自己从一张照片上找10个地点，恩有些无从下手，特别是不知道应该从哪个位置开始，按什么顺序进行。

"没关系，先试一下吧。"恩试着从上面的照片中找出可以用的地点。

空调　电视　井字形的格子　皮墩　花　茶几

还不够10个，再找几个小的出来。

电热壶　田字形的格子　两盆花　工夫茶具

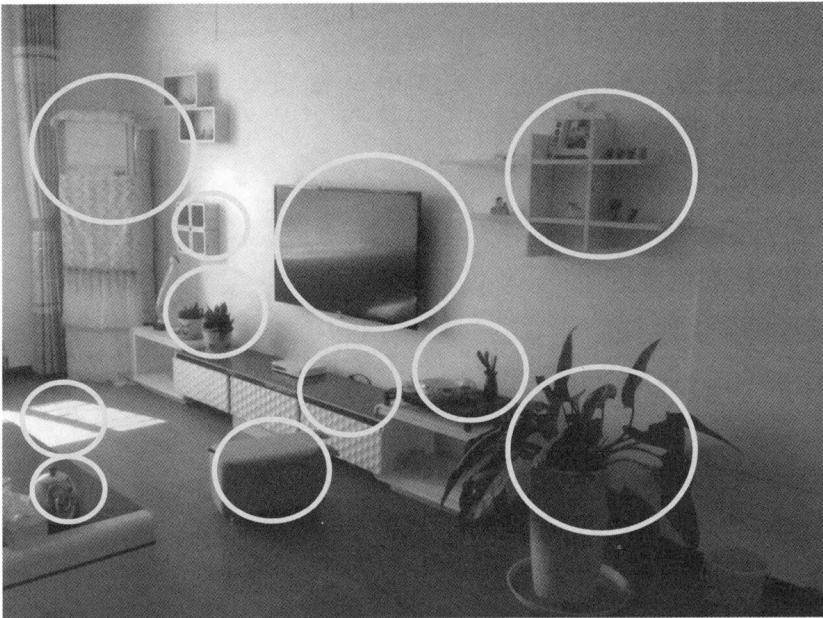

现在照片上的地点是够数了，那应该按照什么样的顺序来记忆呢？恩看着照片发呆，慢慢地进入了照片的场景中。恩正驾驶着自己的飞船，停留在足足有几十米高的大液晶电视前面。下方是那个皮墩，其他的几处地点只要稍一转头也都能看清。

但是恩想要记下这10样地点，还要有一个固定的顺序，必须要有一个规则。那最好的规则是什么呢？

"如果我能驾驶飞船按照最短的路线来经过每个地点，应该就是最合理的路线。"恩最终确定了飞行路线。

空调—田字格—两盆花—电视柜—工夫茶具—电视机—井字格—花—皮墩—电热壶—茶几

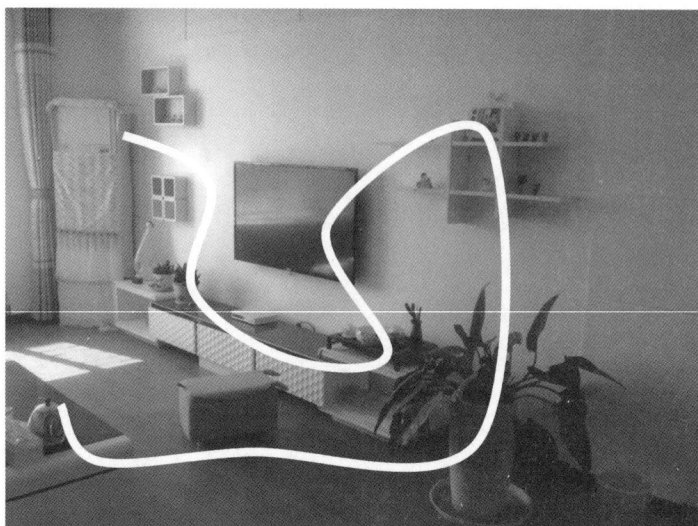

还可以按照这样的路线来飞行。

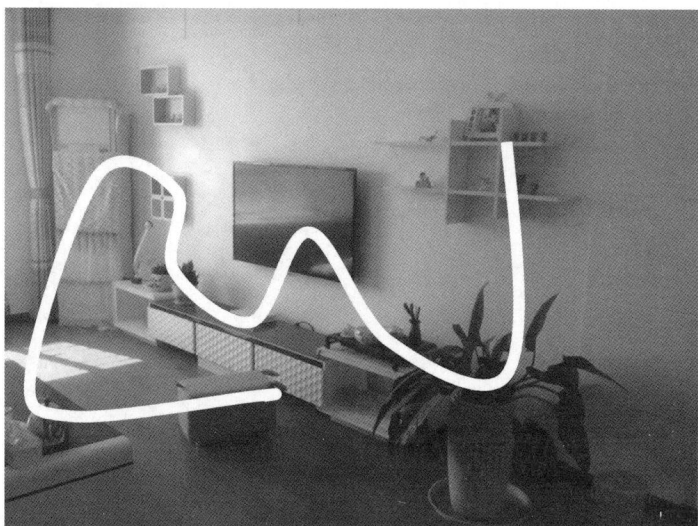

如果要找出更多的点，以下的这些东西也可以用。

窗帘　小造型玩具　吕字形格子　电视机顶盒　电视柜上的洞　地板　垃圾桶　墙

恩想："如果不是真实的照片，而是一个电脑合成的虚拟场景或者画家凭空画出来的场景，能不能当作桩子来用呢?

【注】以下图片都不是真实的场景，有的是电脑设计的场景，有的是孩子们手绘的图，但是都可以用来当作桩子用。

相信大家已经很熟悉下面这张图了，它就是我凭空虚构出来的场景。虽然这个房间不是真实存在的，但是经过多次在大脑中构建以后，它在我们脑海中的印象已经非常真实了。这张图中可用的桩子也非常容易找到，而且图像也很清晰。

可用桩子：桌子、椅子、标志、左指示牌、招牌、楼梯、花、右指示牌、壁画、雕塑、顶灯。

数字密码

恩打开今天的训练内容的时候，有些兴奋，因为他看到纸上写着"教学密码"四个字，知道今天要开始训练数字的记忆了。

恩在怀疑山上曾看过大师们记忆圆周率和电话号码的表演，他们对数字的超级记忆力深深地触动了他，以至于恩一直梦想着自己有一天也能像那些大师一样对那些毫无规律的数字过目不忘。

但是"数字密码"究竟是什么？恩记得在学校参加课外活动，挑战记忆100位圆周率。恩用了接近20分钟才勉强记完了那100位数。虽然到现在还能回忆出来，但是恩知道那靠的是死记硬背，效率很低。更主要的是恩隐隐感到这种方法有个极限，死记硬背可以记住100位甚至200位。但要记1000位，几乎是不可能的。

好几年前，恩看了一个挑战类的节目，有个选手现场挑战一分钟记忆一副洗乱的扑克。虽然他的挑战失败了，但后来主持人采访这个年轻人的内容还是让恩印象深刻。主持人问他是用什么方法来记这些扑克的，那个年轻人回答：把每一张牌都转化成一幅图像，然后把图像存在脑海中，等用的时候再转成原图呈现出来。

如今，恩已经明白了图像定桩处理，但是这些生硬的数字怎么能转换成图像呢？

为了解开这个谜团，恩跟随John走进了一个很大的舞厅，里面有各种各样的卡通形象在跳舞，有的是动物，有的是生活用品，还有卡通化的明星。他们的衣服上都有一个两位数的编号。

John说："这就是100个数字的图像编码！"

"好乱！我怎么能快速记下每个数字对应的图像呢？还有，为什么是100个？"

"如果数字编码设计10个编码，就是0~9，那么当我们记忆很长的数字的时候，势必会出现大量重复的图像。当重复的图像太多的时候，我们在大脑中处理的时候就会就会因为很复杂而出错。"

"那为什么不设计成1000个呢？这样重复的概率不是更小吗？"

"是的，但是把数字和图像一一对应，也需要一个记忆过程，如果要达到实用的效果，就必须对数字编码转图像非常的熟练，达到瞬间转图的效果。编码太多，就需要相当长的时间来练习数字转图这个过程。的确有人使用10000位的数字编码，但是那不是一般人能够坚持下来的训练强度。"

"100位数字编码也很多，怎么才能快速熟练掌握这些编码呢？"

"很简单，因为毕竟只有100个。我们掌握几个编码原则，记忆起来就容易得多！"

说完，John吹响了挂在胸前的哨子，全场立即安静了下来。

"按分类站队集合！"

一声令下，100个卡通形象分成了几队，整齐地排列在了John的面前。

John开始向恩介绍每个队的特点。

"这一队全是用谐音法来编码的。比如，'15'可以谐音成'鹦鹉'，'79'可以谐音成'气球'，'57'可以谐音成'武器'等，这一队都是！"

恩看着这一队里的卡通形象，里面还有35、45、78、75……

"这一队，全部是按照形似法来编码的。比如，'11'像一双筷子，'10'

像一个棒一个球，'22'像一对鸳鸯等。"

"确实都很像！"

"而这一队，全部是按照寓意法来编码的。比如，'51'会让我们想到五一劳动节，所以可以把'51'的图像定义为一把锤头或者一把铁锹。由'61'想到六一儿童节，我们就可以把图像定义为红领巾或者幼儿园里的玩具屋。'81'建军节，定义为解放军。"

"这种方法不错，'55'可以想成端午节的粽子，'38'可以定义为某个女人，'54'可以定义为某个青年人，'99'可以定义为某个老人。"

"很好，不一定所有寓意都是广为人知的，也可以是自己独有的。比如，我一看到'34'就想到自己34岁时发生的一件让我终生难忘的事——那年我获得了某市魔方花样玩法的冠军。因此，'34'这个数字对我来说最好的图像定义就是魔方。"

"哦，对于我来说，我希望自己25岁能当上战斗机的飞行员，那'25'这个数字的编码就可以定义为战斗机了。"

"其实数字编码没有要求，能让你记住并能快速反应出来的，就是好的编码。不管有没有理由，有没有根据，有没有道理，能让你记住的就是最好的。"

"明白了。"

"数字编码一定要自己设计，你可以参考别人制订好的编码，但是千万不能照搬别人现成的编码。特别是对于别人来说具有特殊意义的数字，搬过来根本没法用。"

"哦，如果有一些数字自己暂时想不出编码怎么办？"

"可以参考别人的，但是一定要保证每个编码都图像清晰！"

"我还有个问题，如果要记忆的数字有奇数个，比如，3个、11个等，单独剩下的一个怎么处理？"

"我们可以再单独编一套0~9的编码。也就是说，我们一共需要制订110个属于自己的数字编码。"

"明白了！"

"这是110个数字编码的参考图像，你可以去制订自己的数字编码了。"

【注】国内记忆大师常用的110位数字编码表及作者常用的数字编码表见附录，仅供读者参考之用。

有些编码可能读者看不懂，因为既不是谐音，也不是形似，但是目前国内却有很多人在用。原因是第一个把这种方法带到中国的记忆大师是广东人，很多编码是按照广东方言（粤语）的发音谐音出来的，如：23——和尚、48——雪花、49——雪球。如果读者觉得不能理解，可以自行更换。

请读者按照自己的理解和习惯，编制属于自己的110个数字编码。

好了，恩现在已经有了属于自己的110个数字编码了。他想马上去试试这些编码的威力。他不及待地翻开了《圆周率十万位》（这是与今天的训练内容一起送来的），想挑战记忆这些毫无规律的数字。

恩明白，记忆这些数字的基本方法很简单。无外乎两种方法：一是把数字转换成编码的图像后，固定在桩上；二是把转换后图像直接进行串联联想。

恩想了想，记忆的数字越多，就需要越多的地点桩来辅助记忆。而自己脑海里还没有那么多的桩可以拿来用，于是恩决定用串联联想的方法来记忆圆周率。

圆周率小数点后前100位

14 15 92 65 35 89 79 32 38 46

26 43 38 32 79 50 28 84 19 71

69 39 93 75 10 58 20 97 49 44

59 23 07 81 64 06 28 62 08 99

86 28 03 48 25 34 21 17 06 79

按照John传授的方法，恩先把圆周率两位一组地转成图像，然后开始试着串联它们。

【注】下面的这段串联是按作者的图像编码来描述的，只为说明串联的方法，请读者在训练时按照自己的数字编码重新构建图像。本书后面所有用到数字编码的章节，均按附录中作者所用的编码进行叙述，请读者在实际应用过程中自行修正。

恩闭上眼睛，整个故事从一把金光闪闪的钥匙开始。

一把金钥匙划开鹦鹉的肚子，里面掉出来篮球，篮球砸中了大鼓，大鼓破了，里面掉出来香烟。香烟落到芭蕉扇上，芭蕉扇挥动时刺破了气球，气球里钻出来仙鹤，仙鹤落到沙发上。沙发上有块肉，肉上长出一棵柳树，柳树倒了砸到雪山，雪山上滑下一个大沙发，沙发撞到了仙鹤，仙鹤飞起来钻进气球。气球中掉出一杆五环旗，五环旗拂过水面使荷花全开了，荷花中间放着84消毒液。用消毒液把斧头冲洗干净，去砍一条金鱼。金鱼疼得去咬辣椒，辣椒里流出好多999感冒冲剂的颗粒。颗粒掉到一个湿乎乎的救生圈上，黏糊糊地向前滚，撞倒了一座积木城堡。从城堡中飞出来一个棒球，击中一个大苦瓜。苦瓜裂开，里面挤出一只笨鸭子。鸭子奔跑的时候撞倒了酒器，从酒器中滚出来雪球，雪球碎了，从里面跳出来一只狮子……

恩就这样向下串着，一口气串联完了100位，感觉并不是特别难。串完后，恩开始回忆这100位，但是发现了一个很严重的问题。

在这100位圆周率中，出现两次的图像有28、38、32、79、06等，当恩回忆到某个图像的时候，就记不清这个图像串联的下一个图像是什么。比如，有28、84，还有一个28、62，当恩回忆到28的时候，不知道与此相串联的下一个图像应该是84还是62。

恩试着把图像串联时的细节认真构建了一下，而且反复记忆了好多遍，但是回忆的时候仍然会出现这种混乱。

【注】这个问题的解决方法后文会讲解，但读者可以先带着这个疑问自己去尝试用串联联想的方法记下200~500位圆周率。如果没有实际训练的体验，你就不会明白我后面告诉你的方法有多么重要。所以，请各位读者一定要记住，书中的每一个训练，大家一定不要只读一遍就算完，一定要闭上眼睛认真训练，这样才能起作用。

最后，恩决定放弃这种串联联想的方式，改为采用地点桩来记忆。按照John的建议，每个桩上存放两个图像（这是目前大部分的记忆大师采用的记忆方法）。

恩首先从脑海中调出了不久前刚刚训练的那一组地址。

恩先驾驶飞船沿设定好的路线飞快地行驶了一遍。

船形建筑——球形的花——草坪——楼下的汽车——草帽形楼顶——铁塔——钟楼——招牌——树——路灯——电视——白楼

现在该恩把圆周率的图像挂到上面的地点上了。有了之前训练人体桩挂12星座的经验，恩加快了图像的挂桩速度。

【注】图像挂桩的时候，一定要放大桩的特点，让桩以特定的形式在大脑中出现，而不是在全景模式下进行。如上图所示，给大家列出前两个桩上挂图像的形象，希望大家借鉴此方式，把后面的每一组图像清晰地印在每一个桩上。

船形建筑——船上面斜插着一把钥匙，上面站着一只鹦鹉。

球形的花——冬青上面顶着篮球，篮球上顶着一个大鼓。

草坪——草坪上面布满了香烟，香烟的中间插着一把芭蕉扇。

楼下的汽车——车上拴满了气球，围着一只大大的仙鹤。

草帽形楼顶——房顶上放着一个超级大的沙发，沙发上堆满了肉。

铁塔——铁塔上长了棵柳树，柳树倒了正好倒在雪山上。

钟楼——钟楼上掉下来一个沙发，正好砸中一只仙鹤。

招牌——招牌上挂满气球，气球的中间插着一面五环旗。

树——树上开满了荷花，荷花的芯里结的是84消毒液。

路灯——路灯上挂着一把斧头，一只不怕死的金鱼在咬斧头。

电视——电视上挂着一串辣椒，辣椒里流出999感冒冲剂的颗粒。

白楼——楼上套着一个救生圈，上面插满了积木。

构建完了图像，恩闭上眼睛快速地回忆了一遍每一个桩子上的图像。有几个图像不清楚的，恩重新对图像做了适当的修改，然后再次回忆，直到每一组图像都异常清晰。

至此，恩准确无误地记下了圆周率的前48位，但是恩感觉最大的问题是速度很慢。记不到50位就用了接近10分钟的时间，这与自己当初预想的一分钟100位的差距太大。

问题出在哪里？是不是只需要苦练就能达到那种境界？

恩带着这些问题，记了下去，100位、200位、500位……

自由密码

接下来几天反复地训练数字，恩已经有些头大了，因为那些枯燥的圆周率实在是让人提不起兴趣。但是John告诉他，如果这一关过不了，根本不配说自己学过记忆术。

于是恩坚持了下来，在马拉松式记忆方面已经坚持记完了1000位圆周率，在快速记忆方面，记忆100位数字的时间已经缩短到了3分钟左右。

虽然离自己所期望的目标还很远，但是恩明白，在没有吃前面的五个馒头之前，永远体会不到别人吃第六个馒头饱了是什么感觉。于是他主动向John提出进行新的内容训练。但当打开新的训练内容时，他着实被吓了一跳。

今天的训练题目是：神奇的作弊技巧。

居然要学习作弊？！恩不知道John在搞什么名堂，他继续看下去，却没想到是个令人根本摸不着头脑的训练任务。

请你列举出至少10样允许带入考场的东西。

恩觉得John的这个训练绝对不是自己想象的那么简单。为了能让自己更好地掌握记忆宫殿，恩还是认真地闭上眼去搜寻能够带进考场的10样东西。

恩的思绪回到期末考试当天。那天，他早早起来收拾书包。上午要考数学和历史。恩看着自己书桌上的数学和历史课本，犹豫应该带哪本书到学校。尽管没有太多的时间复习，但是恩总觉得把课本放在书包里，心里才踏实。干脆全带上吧！又不是特别重。

恩开始收拾考试用的文具。因为数学要考几何题，所以恩很认真地清点着自己的文具：钢笔、铅笔、签字笔、两个三角板、圆规、半圆尺、直尺、橡皮、计算器。文具盒里根本放不下这一堆东西，恩找来一个透明的小袋子，专门用来收纳这一堆作图工具，然后把一堆笔都放进了文具盒，计算器直接塞进了书包。

"考试还需要什么？"恩找出了自己的那块运动手表戴在手上，又找了一包纸巾放进书包里。临出门，恩用自己的运动水壶带了一壶凉水，还顺手拿上了门口的那把折扇。

马上要进考场了，虽然是自己的学校、自己的教室，但是恩多少还是有些紧张。恩不是为自己复习得不好紧张，而是担心自己在进入考场后发现自己忘带了什么。

"学生证和准考证！"恩摸了一下自己的裤子口袋，还好，在里面。恩这次放心地走进了考场，监考老师正在宣讲考场纪律。虽然恩的成绩不好，但是恩从来不作弊。恩又检查了一遍自己考试需要的东西，确认没有忘记后，慢慢睁开眼，这时候John的那张训练卡出现在眼前。

请你列举出至少10样允许带入考场的东西。

恩开始把自己刚才带进考场的东西一一列举出来。

钢笔、铅笔、签字笔、两个三角板、圆规、半圆尺、直尺、橡皮、计算器、手表、纸巾、水壶、折扇、笔袋、文具盒。

恩翻开了训练卡的第二页。

请随便挑一件你能带进考场的东西，然后从上面找出5个点作为记忆地点桩。

恩闭上眼睛，回到了刚才参加考试的那个教室。他首先把签字笔拿出来，突发奇想地把笔给拆开了。于是很容易地就从这支笔上找出了5个可以用来当作地点桩的标志点。

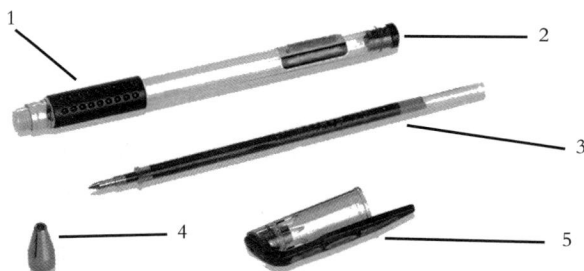

恩闭上眼回忆了一下，这5个点在脑海中还是很清晰的。然后他拿出了圆规，看着圆规发呆，很快圆规上的5个点也在脑海中慢慢呈现出来。

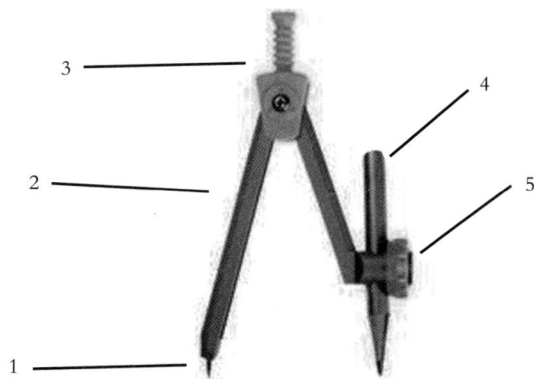

【注】有些文具上可能找不出5个点，但是能找出一两个点也可以。此举的目的只是用能够带进考场的东西来组成一个庞大的地点桩群。从允许带进考场的

所有东西中找出30~50个可以用来当作地点桩的点是很容易的，请读者自己尝试去做，在此不再给出详细的图示。另外，此方法不仅可用于考试，还可应用于我们的日常生活中，请各位读者自由发挥。

回到密训室，恩虽然从能够带进考试的物品中轻松地找到了帮助记忆的点，但是还是不明白这些东西和作弊有什么关系。难道是用这些点把试卷上的内容记下来？但是记下来又有何用？只是一道道不会做的题目。恩觉得问题应该不是这么简单，John肯定有一套非常神秘的应付考试的方法。

他翻开了训练任务的下一页。

每一门课的考试，我们记不住的很长的知识点一般不会太多，也就是几个，考试前老师肯定已经给出了大体的重点内容。这就好了，我们现在要学习的"作弊"方法就是把你想做成"小抄"带进考场的内容，用我们的记忆术给记下来，挂在刚才找到的那些点上，作为一个个的图像联结。

比如，记住这一道初中的政治考试题。

社会主义的本质：解放生产力，发展生产力，消灭剥削，消除两极分化，最终达到共同富裕。

恩看到这个题目，需要记忆的内容有5个点，刚才拆开的那支签字笔正好可以用来记忆。

先把答案转换成图像。

原文	关键字转换	图像
社会主义的本质	本质→本子	一个笔记本
解放生产力	解→生	解开一个绑着的花生
发展生产力	发→生	发送一个飞机托着的花生
消灭剥削	消灭	灭火器
消除两极分化	消除	镰刀
最终达到共同富裕	最终	每人一个钟表

图像转换好了，现在就可以把转换好的一幅幅图像挂到签字笔的5个点上了。

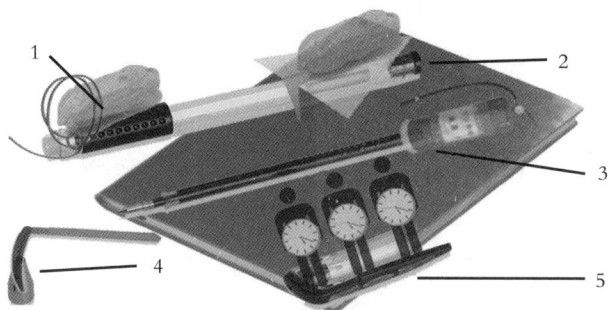

按顺序回忆出刚才5个点上面挂的5样东西。

绑着的花生、飞机托着的花生、灭火器、镰刀、小人钟表

很好啊。现在就闭上眼睛，回忆出刚才的5个点上每样东西和它代表的词语和原文。

绑着的花生——解生——解放生产力

飞机托着的花生——发生——发展生产力

灭火器——消灭——消灭剥削

镰刀——消除——消除两极分化

小人钟表——钟、共同富裕——最终达到共同富裕

一个看上去非常枯燥的政治题目就这样神奇地记忆了下来，恩觉得John的这套方法真的可以称得上最神秘的"作弊"技巧。

恩翻开训练内容后面附带的历史、语文、地理、生物等知识，开始用圆规、手表、水壶等随身携带的物品，借鉴John的神秘"作弊"技巧，很快就记下来了。恩觉得特别激动，因为他觉得有了John的这套神秘的"作弊"技巧，学好这些文科类的课程不再是什么难事了！

【注】除了这种桩之外，还有数字桩、文字桩、故事桩等。在后期的提高篇中，我们会举例作详细的说明。

数字桩

今天要记的东西很特别，恩拿到的时候觉得有些头大。

记什么？三十六计、满汉全席的菜谱（108道菜）、元素周期表（118个元素）、《道德经》81章、五笔字型的字根（25个区200多个字根）等。

这些数量超多的东西怎么记？恩翻开今天的训练内容：

数字桩：用数字作桩子来记忆数量特别多的、有规律的知识。

以元素周期表为例，我们要记住表中元素的名称和顺序，做到在被问到元素序号时反映出元素名称。比如，当被问到第78个元素是什么时，我们要能快速地在大脑中查找到对应的地点桩，并把在这个地点桩上的元素名称提取出来。

具体怎么做呢？我们已经学过了110个数字编码，但是元素周期表中的元素有118种，一个元素对应一个数字编码是不够的。此外，如果你学过元素周期表，就会知道许多元素的音很接近，这会导致我们在使用谐音法时转化出相似的图像，从而产生混淆。因此，更好的主意是每个桩子（现在的桩子是数字编码）上放多个元素，下面我以一个桩子上放5个元素为例编写了元素周期表的记忆口诀。值得注意的是，我们只选用01、06、11、16等数字的编码（每5个数字为一组），这样元素序号与数字正好是对应的。

恩迫不及待地向下看去，因为元素周期表的背诵已经让他苦恼了很久了。

01铅笔：青海里皮棚

06哨子：碳蛋养富奶

11筷子：那没驴归林

16石榴：柳绿芽加盖

……

有了前面记忆《千字文》的经验，恩觉得这些诗句转图已经是很轻松的事了，唯一的区别就是承载这些图像的桩子既不是实景上的桩子，也不是虚拟的桩子，而是数字桩。

恩来到一排整齐的房屋面前。每个房间的门口都挂着一个牌子，上面分别写着01号、06号、11号、16号、21号……每个房间的门上还贴着一个卡通形象，就是前面数字编码中出现的那些卡通形象。

1号房间的门上贴着一支铅笔的头像。推开房间的门，看不到地板，恩只看到房间里是一片青青的海水，海水的中央有一个用真皮搭建起来的小棚子，一半泡在海水中，一半露出水面。奇怪的是，有一支硕大的铅笔从棚子顶上穿过，直插进海水里。

（青海里皮棚——氢氦锂铍硼）

……

76号房间里有一头大犀牛，犀牛的脖子上骑着一排鹅，它们的嘴里叼着一个进宫的腰牌，准备分批儿进入皇宫。

（鹅一波进宫——锇铱铂金汞）

......

恩很快就参观完了所有的房间，并清晰地记下了对应的故事。他想："如果现在有人问我第78号元素是什么，我应该先找到比78小的第一个桩子76。76的图像是'犀牛'。'犀牛'房间里的图像是'鹅一波进宫'，对应的元素是'锇铱铂金汞'，所以第78号元素是铂。"

虽然这说起来费劲，但在恩的脑子里，整个思考过程只花了两三秒的时间。恩兴奋极了，他觉得这个方法太实用了！

【注】我们还可以使用房间（虚拟桩）来记忆元素周期表，但是因为元素的个数较多，在使用房间时，最好使用多层定桩理论来管理。多层定桩理论属于桩子管理的高级应用，可以非常方便地管理成千上万个地点桩，并能做到几秒钟内查找到地点桩的内容。如果我们大脑中还没有太多的地点桩，更好的办法还是利用数字桩。

单词密码

恩没有想到John还会教他背英语单词。对于恩来说，英语一直是个老大难问题，而其中英语单词的背诵尤其让他头疼。对于恩来说，只有能记住单词，才有希望学好英语。他知道自己的词汇量还停留在小学学的那几个单词上，初中这两年几乎没记住几个单词。

"英文单词，我们需要记忆的内容有哪些?"

这是今天的第一个问题，恩觉得这个问题有些奇怪，什么叫需要记忆哪些内容，不就是记住单词吗？

恩静下来想了想，觉得问题的背后肯定有更深一层的意思。

当我看到一个单词的时候，我不知道它是什么意思，这时候我需要记住一个英文单词的汉语意思。我不知道单词怎么读，这就要求我记住它的发音。当我需要用英文写作文时，我不知道英文怎么写，这就需要记住一个单词的字母拼写。当然，除了这些之外，有时候还要记住一个单词的词性、词形转换，比如，动词的过去式、过去分词，名词的复数形式，形容词的比较级、最高级，以及一些常用短语等。

但是恩又觉得这些内容应该属于语法的范围了。对于一个单词来说，简单地讲，就是：意思、发音、拼写。

英文单词的记忆有许多方法，我们就从最简单的开始学吧！

谐音法

就是按单词的发音来转换成图像的方法。

看到这句话，恩明白了原来记单词也要用图像记忆，也是要转图像的。

00~99这100个数字编码都能转成图像了，何况26个字母？

恩有些沾沾自喜。但是如果真的像记数字那么简单，那为什么还要整出9大方法？

谐音，包括两种单词。一种是外来词，也称为音译的词。比如：

jeep——吉普

coffee——咖啡

sofa——沙发

另一种是根据单词的发音谐音出一个意思，来构建图像的方法。这种谐音出来的图像更加生动形象，更容易记住。

恩轻轻闭上眼，来到第一个场景。

恩一睁眼，吓了一跳，他待的地方是一间装修极其奢华的会议室，一群亿万富翁正在开会。一个黄头发的中年人正在讲话，这个人叫比尔，据说这个人马上要成为世界首富了。大家正在认真听他发言，恩什么也听不懂，因为比尔讲的是英文。突然，比尔卷起手中的材料，向桌面拍去，一边拍还一边喊："拍死它！拍死它！"

拍死它

pest
害虫

恩很奇怪，这个比尔怎么突然说中文？

这时候恩看到一只苍蝇从比尔的手下溜走，又停在了其他位置。恩看到比尔马上站起来，举着自己用会议的发言材料卷成的苍蝇拍，眼睛紧盯着这只飞飞停停的苍蝇，嘴里还不停地嘟囔着："拍死它！拍死它！"参加会议的其他富翁也赶紧站起来，用手指着苍蝇喊道："拍死它！拍死它！"

会议室里的苍蝇越来越多，不仅苍蝇，各种让人恶心的、讨厌的害虫都出来了，有飞的、爬的、跳的。

"拍死它！拍死它！"人们的声音也越来越大。最后屋里的害虫多到已经让人看不清东西，甚至不敢呼吸，感觉浑身都是虫子。

恩拼命地挥动着双手拍打着身上这些让人恶心的害虫，一下子惊醒过来，回到了密训室。但他可能这辈子也忘不了那种被数万只害虫包围的感觉了，当然也忘不了这个单词。

pest——害虫

可以使用这种谐音法来记忆的单词还有很多：

beast——兽——谐音：逼死它

umbrella——伞——谐音：俺不热了

candle——蜡烛——谐音：看到

defeat——打败——得废他

形似法

什么叫形似法？恩不明白，不过训练材料里给了示例。

loom——100m——织布机

前者是四个字母组成的单词，后者是"一百米"的意思。

恩一下子明白了，他的脑子里立即出现了一幅画面：一台很旧的老式织布机，上面已经织好了100米布。所以100m就是loom。

恩觉得他已经记住这个单词了。看到loom就能想到是100米布，进而想到是在织布机上织出来的。同样，需要拼写这个单词的时候，只要想起100米布，就能想起单词的拼写是100m，也就是loom。

拼音法

什么叫拼音法？恩记得刚刚开始学英语的时候，老师最讨厌的就是同学们拿拼音来标识英文单词。比如："face"，好多同学都用拼音标记上"fei si"，或者干脆用汉字标上"费死"。现在难道又要重新启用这种方法吗？

恩接着住下看去。

palm——这个单词的本意是"手掌，手心，棕榈树"

但是这个单词的4个字母正是"怕老妈"这三个汉字的拼音或者拼音首字母。

怕（pa）老（l）妈（m）

所以，我们就把"怕老妈"和"手掌，手心，棕榈树"结合在一起形成一个图像。恩试着快速进入状态。

为什么我会怕老妈？因为老妈总是举起手掌要打我，每次我都要躲到棕榈树的上面。

编码法

前面恩已经学习和掌握了数字编码，没想到英文单词也有编码，那么这种编码应该怎么编呢？恩赶紧翻开下一页看看英文单词的编码到底是怎么一回事。常用的编码：

形似编码		拼音编码		其他编码	
t	雨伞	pr	仆人	v	五
f	拐杖	e	鹅	x	斧头
s	美女、蛇	re	热	d	马蹄

再来看一个。

vet——单词本意：兽医

按照编码进行转图：

v五　e鹅　t伞

串联联想：

五只鹅排队到伞下看兽医。

情景如下：

组合法

就是把上面讲到的一些方法综合运用到一个单词中。一个单词，可能前半部分用的是谐音法，后半部分又采用其他记忆方法。看一个例子。

hesitate——犹豫——鱿鱼

单词拆分：

He他　sit坐　at在　e鹅

串联联想：

他坐在一只鹅上。干什么？吃鱿鱼。

还可以这样拆分：

He他　sit坐　ate吃（eat的过去式）

串联联想：

他坐着吃。吃什么？鱿鱼。

镜子法

就是两个单词互成镜像。比如：

top（顶，尖）——pot（陶，罐）

恩根据单词的意思迅速构建了下面的场景。

pot 罐 --->

top 顶 --->

类似这样的单词还有很多，记忆的方法是把两个单词的意思串联成一个图像。这样只要记住一个就可以把另一个也记住了。

raw（生的，未煮熟的，未加工的）——war（战争）

场景：因战争条件有限，战士们只能吃生的食物。

part（部分）——trap（陷阱）

场景：这一个迷宫中有一部分是有陷阱的。

wed（嫁，娶，结婚）——dew（露水）

场景：他们的结婚仪式是在一片露水中进行的。

God（上帝）——dog（狗）

场景：上帝骑着一条狗。

Ton（吨）——not（不是）

场景：这是一吨货物吗？不是。

Live（居住）——evil（邪恶的，不幸的）

场景：这是个邪恶的、不幸的房间，没人愿意居住在这里。

Lived（居住过）——devil（魔鬼）

场景：这个地方有个魔鬼居住过。

Mad（疯狂的）——dam（水坝）

场景：有个疯狂的家伙在水坝上疯跑。

上面的单词中，总有一个是我们已经很熟悉的单词。

记忆法黄金法则：用熟悉的记陌生的。

恩看了看上面这一堆单词，虽然自己的英语成绩不是很好，但是上面的这些单词中都有一个是自己知道的，另一个则是陌生的。恩觉得这种方法还是比较实用的。

类似法

就是把拼写十分相似的单词全列出来，一次性全部记住。

比如：

disk——光盘

desk——课桌

dusk——傍晚

恩看着这三个单词，虽然他只认识desk，但是另外两个和desk这个单词都只差一个字母。

现在开始用编码构图。

i——蜡烛　e——鹅　u——杯子

将单字母编码的图像与单词原意进行联结。

disk——光盘上插着一支蜡烛

desk——课桌上爬着一只鹅

dusk——傍晚看不清，不小心摔碎了一个杯子

恩觉得这种方法还是很不错的，恩一下子就在脑海里想到了许多类似的单词。

hear　hare　hair　here……

fill　full　fall　fell　feel　fool……

fill　bill　hill　mill　sill　till　pill　nill　gill　kill……

地点法

恩对于这种方法已经非常熟悉了，他曾用这种方法来记圆周率、古文等，但是如何用地点法记英文单词呢？

如果我本身就记不住单词的拼写和意思，地点有何用？

恩想起了自己死活也记不住的12个月的英文单词，能不能用以前记12星座的人体桩来把这12个单词记下来呢？恩先闭上眼复习了一下这12个桩子和12星座。

头顶—白羊、眼睛—金牛、鼻子—双子、嘴巴—巨蟹

耳朵—狮子、肩膀—处女、双手—天秤、前胸—天蝎

后背—射手、大腿—摩羯、小腿—水瓶、双脚—双鱼

但是当我们提到的是数字顺序时，要如何快速地反应出地点呢？相反地，当我们指定地点时，又要如何反应出数字顺序呢？似乎是无师自通，思想到了一个

主意：找到每个桩子能帮助记忆的特点。

1——头——一个头

2——眼——两只眼

3——鼻子——像个横着的

4——嘴——四方嘴

5——耳朵——捂耳朵

6——肩膀——从背后看像六

7——两手——拇指和食指夹角

8——前胸——两只乳房像横8

9——后背——躬着的背像9

10——大腿——一根细一根粗

11——小腿——两个细细的1

12——脚——最后一个直接记住

12个月的英文单词：

月份	英文	缩写	月份	英文	缩写
1月	January	Jan.	7月	July	July.
2月	February	Feb.	8月	August	Aug.
3月	March	Mar.	9月	September	Sept.
4月	April	Apr.	10月	October	Oct.
5月	May	May.	11月	November	Nov.
6月	June	Jun.	12月	December	Dec.

开始联想：

月份	英文	缩写	图像
1月	January	Jan.	剑
2月	February	Feb.	佛
3月	March	Mar.	妈
4月	April	Apr.	苹果（apple）
5月	May	May.	妹
6月	June	Jun.	猪
7月	July	July.	舅来
8月	August	Aug.	阿哥
9月	September	Sept.	色婆

続表

月份	英文	缩写	图像
10月	October	Oct.	气球（字母O）
11月	November	Nov.	摇头（No）
12月	December	Dec.	底

开始定桩：

序号	英文	缩写	图像
1月	January	Jan.	头顶插着剑
2月	February	Feb.	眉心有个佛
3月	March	Mar.	妈妈在吃鼻子
4月	April	Apr.	嘴里有个苹果
5月	May	May.	妹妹从耳朵眼里爬出来
6月	June	Jun.	脖子上骑着头猪
7月	July	July.	舅舅在两手间跳来跳去
8月	August	Aug.	阿哥在吃奶
9月	September	Sept.	后背上背着一个色婆婆
10月	October	Oct.	大腿上绑着气球
11月	November	Nov.	小腿间有摇动的脑袋
12月	December	Dec.	脚上的鞋子只剩下底

"试试看自己记得如何吧！"恩想。

如果有人问我9月的英文，我先在大脑中寻址"9"——后背像个"9"。后背上背的是色婆婆，所以9月就是"September"。

太棒了！恩十分兴奋，于是又用同样的方法记下了星期一到星期日、春夏秋冬、个十百千万、人体器官的名称等英文单词。

但更多的单词还在等着恩去记忆。当恩看到了训练材料中的这句话时，吓了一跳。

用地址法快速搞定1000个常用单词

不过，静下心来一想，恩觉得这对自己来说太重要了，如果能够快速记忆1000个最基本的单词，他就会对学好英语有很大的信心了。他迫不及待地开始了记忆。

……

【注】此内容在后半部分讲解。

记单词的四种境界

虽然恩学会了很多种记忆单词的技巧，但是他一直有一个顾虑，就是这种图像联想的方法会影响自己对单词本身意思的理解。

比如，tame的本意是"驯服的"，但是在脑子里的图像却是"天安门前一群鹅"，这在很大程度上扭曲了单词本身的意义。

【注】t—a—m—e四个字母正好是"天、安、门、鹅"四个字的拼音首字母。所以我们想象出一幅画面，就是天安门前的广场上有一只特别大的鹅，这只鹅非常懂礼貌，它见到行人就点头致意。为什么会这样？因为这只鹅是被驯服的，是被人驯养的。我们只要想象出这个画面，就能很容易地记住这个单词了。

恩觉得如果自己在高速阅读时看到tame这个单词，先反应出来的是"天安门前一群鹅"，然后才是"驯服的"，这势必会降低自己的阅读速度。恩带着这个顾虑，拨通了John的电话。

"所有用图像法记单词的人一开始都会有这个顾虑，也都会经历这个过程。这是很正常的，我带你去看样东西！"

恩闭上眼，跟随John来到了一个房间，透过房间的窗户，恩看到了下面的情景。

John问道："你看到了什么？"

"不知道，想象不出来是什么东西。"

"对吧？这时候你的状态叫'看山不识山'，就像是你见到一个新的英文单词，根本不知道它的意思是什么，就和你见到这样抽象的一幅画的感觉是一样的。"

"哦！"

"好，你跟我继续向前走！"

他们两人穿过第一个窗口，来到了更近一层的窗口前，这时候恩看到了下图的情景。

John又问道："你现在看到了什么？"

"哦，原来是一座山！"

"对，这座山叫'卧佛山'。是周边的树林告诉你这是一座山。这时候你的状态叫'看山是山'。但是如果过一段时间，我们再回到刚才的窗口，你仍然不知道看到的是什么，因为你根本没有记住它的名字。"

"是的，因为山太多了，仅凭这一点点的印象，肯定记不住！"

"没关系，我们继续向前走！"他们又走到了下一个窗口，离得更近了，看到了正面的情景。"因为这座山从远处看很像一个侧卧的大佛，所以取名叫'卧佛山'。现在你再透过窗口看去，你看到了什么？"

"一尊侧卧的佛像！"

"那它现在看上去还是一座山吗？"

"不是了，它根本就是一尊佛像，一点山的样子也没有！"

"对，现在它在你脑海中的形象已经不再是一座山了，此时你的状态叫'看山不是山'。好，我们继续向前走！"

他们回到了上一个窗口，恩透过窗口，又看到远处那一片起伏的山脉，但又似乎还能感觉到那个巨大的佛像依然侧卧在那里。

"你现在看到了什么？"

"一座山，还有一尊佛像！"

"这座山的名字叫什么？"

"卧佛山。"

"为什么叫卧佛山？"

"因为远远看去像一尊侧卧的佛像。"

"你现在尝试把脑海中那尊侧卧的佛像忘掉！"

"好的。"

恩开始反复地盯着这座山看，慢慢地，佛像的影子在自己的脑海中消失了，只剩下黑压压的山脉。

这时候John带着恩突然一下子穿越到了第一个窗口那里。

John问道："你现在看到的是什么？"

"是一座山！"

"这座山叫什么名字？"

"卧佛山。"

"为什么叫卧佛山？"

"因为我知道它的名字就叫卧佛山！"

"好的。你现在达到第四个境界了，叫'看山还是山'。到了这个境界，你就可以把原来帮你记忆单词时的图像完全地抛弃了。因为你已经完全掌握单词的本意了。"

John说完，周围突然一黑，一切都消失了。

　　恩回到了密训室，再也不会顾虑额外增加的图像记忆会干扰单词的原本意思了。

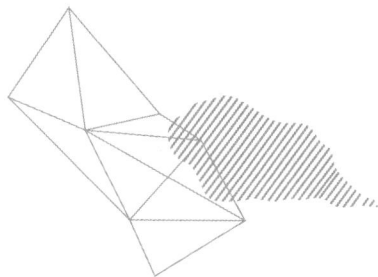

潜意识学习法

恩在"快速记忆"房间待了310天，学习了数字编码、英文编码，还学习了地点桩和串联联想。这一天，恩离开"快速记忆"房间，进入了"快速阅读"房间。"今天，我想教给你的潜意识学习法"John对恩说道。"什么是潜意识？什么又是潜意识学习呢？""别着急，你先跟我来！"

John带着恩穿越到了另一个场景，这里是一个智慧屋，里面有各种各样的智力玩具。有很多的孩子都在这里静静地思考这些智力玩具怎么玩。

John说："给你两个小时的时间，你可以在这里任意挑选你喜欢的智力玩具，但是你必须成功地完成玩具上面标注的挑战。"

"好，我从小就喜欢智力玩具！"

恩开始在玩具架上挑选自己喜欢的玩具，他先是挑了一个拼插类玩具，但是没用10分钟就完成了上面的任务。恩觉得太简单了，他开始挑战那些解锁类和迷宫类的玩具，如孔明锁、华容道等，但是还是没用多长时间就全部解开了。

恩开始觉得有些得意洋洋，同时也有些失落，可能是这些智力玩具自己差不多都玩过的原因，他感觉没有太大的难度。恩开始在玩具屋里闲逛起来，因为John没有给他规定要完成多少个任务，恩觉得不如花点儿时间找一下有什么更好玩的东西。终于，恩在一个区域停了下来，他一下子兴奋起来。

这是个魔方区域，各种各样的魔方都有，很多恩只是听说过但是没有机会接触的魔方全在这里，如11阶魔方、3×4×5魔方、偏心轴魔方、空心魔方、五阶12轴魔方。

恩拿起这些魔方，兴奋地不知道应该先挑战哪一个。因为有些魔方一个就要几百块钱，再加上上初中后没有太多的时间，自己的成绩又不是很好，妈妈就不愿意再掏钱给他买魔方了。

虽然恩以前熟练掌握了3阶到7阶魔方的还原方法，也玩过一部分异形魔方，但是看到这么多自己曾经梦想要拥有的魔方，他还一下子就被迷倒了。

恩决定从这个价格最贵的11阶魔方开始挑战。他闭上眼睛，用三分钟的时间随意打乱了魔方，这个11阶魔方现在看上去已经像一幅幅的马赛克图片了。

挑战开始了，恩找了个位置坐下来。他知道，如果顺利，他将在一小时至一个半小时的时间内还原这个11阶的魔方。

John就在旁边悄悄地观察着恩。他看到恩拿了一个超级大魔方安静地坐下来，完全沉浸其中地认真思考和挑战的时候，他知道恩已经完全集中精力在这上面了。他知道时机到了，拿起手机，用不是很大的声音播放了一首不是特别流行的中文歌曲。接着，他慢慢走到恩的身后，把手机放在了一个离恩不太远的角落里，而且把歌曲的播放模式设置成了循环播放。John确认在恩坐的位置可以听清那首歌曲后，便悄悄地走开了。

一个多小时后，John回到了玩具屋，他远远地看到恩还在那里专心地转着那个超级魔方。原来那个全是马赛克的魔方大部分区域已经被统一的颜色覆盖了，看上去离完全还原不是太远了。

大约又过了20分钟，恩兴奋地把魔方放到桌上，这时候魔方的六个面已经还原成了统一的颜色。恩兴奋地长舒了一口气，开始活动自己的手指。接近两小时的机械运动，让手指有些僵硬了。

John趁机偷偷走到恩身后，把手机的音量慢慢调小，直到完全静音，然后放回自己的口袋。周围静了下来，恩听到了背后的脚步声，转过身就看到John站在自己身后。

"很厉害，没想到你还是玩魔方的高手。"

"我从小就喜欢玩这个。"

"你已经超时了。不过没关系，这不重要。你还记得来这里的目的吗？"

恩这时还没从成功还原11阶魔方的兴奋中回过神来，愣了半天，才想起John带他来这里，是为了搞清楚有关"潜意识学习"是怎么回事。

"我想起来了，好像是和潜意识学习有关的。"

"对，还好你没忘了我们的任务。那我问你，在这两个小时里，你的注意力在哪里？"

"这些智力玩具啊，主要是这个11阶魔方。"

"是的，你做得很好，看来这些玩具没难得住你。但是我现在要考你的和这些玩具没有一点关系，你现在来听一段音乐。"

John掏出手机，重新开始播放刚才的那首曲子。播了很短的一段，就停下来，问："知道这首歌是什么吗？"

"不知道，但是感觉这首歌很熟悉。"

"好，你接着听。"

John继续播放这首歌，这时候恩开始能够跟着这首歌的节奏哼唱，慢慢连词也唱了出来。

"知道这是什么歌了吗？"

"不知道，但是太熟悉了，曲调熟，歌词也熟！"

"哈哈。好了，我们的目的达到了，可以回密训室了。"

回到密训室，恩似乎还没有从刚才的情景里走出来，还要哼刚才的歌曲。

"真的是太熟悉了，就是想不起歌名叫什么？"

"不用想了，你根本就不知道这首歌叫什么。"

"不可能，这绝对是一首很熟悉的歌！"

"让我来告诉你原因吧。在你专心转那个超级大魔方的时候，我用手机就在你旁边小声地播放了这首歌。你有印象吗？"

"没有啊！我没注意过当时有音乐啊！"

"对，我就是在你注意力完全集中以后才开始播放的，而且我重复播放了接近20遍。"

"我怎么一点也没注意到？！"

"对，关键就在这里。你当时的注意力全部在魔方上，但是这并不表明你的耳朵没有听到这首歌，只是你自己没有注意到罢了。你的耳朵已经听了20遍这首歌，这就是你的耳朵潜意识学习的过程。"

"耳朵也能潜意识学习？！"

"是的，当我在你不注意的情况下反复地播放一种声音，耳朵就会自然地记下这种声音。"

"可是我没有用心去听它的节奏和歌词，为什么能记住呢？"

"这就是潜意识的功能。如果我提前告诉你我要放一首歌，你边挑战那些玩具，边记这首歌，就不是潜意识了。因为那样的话，你的意识就会参与这个过程，一旦参与了，就会导致你挑战和记歌两样都做不太好。"

"哦，我明白了，注意力完全不在这上面的时候，反而能把东西记住。虽然亲身体验，但我还是有些理解不了！"

"我们如今已知的大脑功能只是大脑全部功能的很小一部分！我们的耳朵有这种潜意识学习的能力，我们的眼睛也具有潜意识阅读的能力。"

潜意识

恩还是有些将信将疑，而他的小心思逃不过John的眼睛。

John会心一笑，说："我们来做个很有意思的小游戏，让你来体会一下潜意识到底是什么。"

"好，我就喜欢做游戏。"

John递给恩一个记事板，上面有一张纸，然后又递给恩一支普通的铅笔。

"这张纸上有16个方格，现在我要求你按照方格的大小，一笔一画地把'记忆'的'记'写16遍。一定要一笔一画地写，不允许有任何连笔或者随意画的情况，否则重新开始。"

"一格就写一个字？"

"是的，尽量写得填满整个方格，就像我们练书法一样，唯一的区别是这次只要求你写这一个字。"

"好的，我试试！"

记　记　记　记
记　记　记　记
记　记　记　记
记　记　记　记

【注】读者在实验的时候，一定要记住几条原则：不许连笔，尽量慢，眼睛要盯着写，至少写十遍。

恩开始认真在方格纸上写了起来。

刚开始写的三遍，虽然自己觉得已经写得很认真了，还是被John制止了，要求写得再慢点，再认真一点。于是恩写得越来越慢。

写着写着，恩开始觉得不对劲，他开始怀疑自己好像是写错了。因为感觉这个字不像个字，总觉得少了点什么或者多了点什么，或者哪一笔写得不对劲。恩把后面写的和前面写的第一个字去对比，除了笔画写得稍有区别外，没发现有什么错误，可为什么怎么看也不像个字？

等恩写到第十遍时，已经彻底不认识这是个什么字了。恩觉得非常奇怪，因为他知道自己不可能不认识这个字。理性告诉他，他写的就是"记"，错不了。可奇怪了，为什么怎么看怎么不像个字？

恩坚持写完了16遍，但是后面的几遍已经是很痛苦了，总觉得自己写的是一堆错别字，可是和第一个写出来的相比，也没发现有什么错误。

John见恩收了笔，问道："有什么感觉？"

"感觉不认识这个字了，总觉得写的是一个错别字，但是又没发现错误在哪里。"

"这就对了，这就是潜意识在作怪。"

"这是什么意思？"

"我们可以这样简单地来理解。与潜意识对应的是我们的意识。意识就是我们能感知到的，我知道在想什么，我想做什么，要做什么，这些都是意识。而潜意识是我们意识不到的，但是却在影响我们的一言一行。两者是矛盾的。潜意识追求的是快乐原则，怎么高兴怎么玩。怎么开心怎么玩。潜意识就像个孩子，不喜欢遵守原则，它的想法是不可控的，不知道会想到什么。但是潜意识讨厌规则和无聊，喜欢新鲜和自由。我们上课的时候开小差、走路的时候走神等，都是潜意识在作怪。"

"不过，我还是没明白，这和刚才的实验有什么关系，我还是不知道为什么会出现这种不认识字的情况。"

"我们对语言和文字的识记是两个过程，刚开始是意识层来记，比如，我们学一个新字的时候，都是通过拆分一个字来学的。老师告诉我们一个言字旁加一个己是记，我们就记住了。但是这时候我们大脑对这个字的处理是一个理性记忆的过程。通过很多年反复对这个字进行读写，这个字就会进入我们的潜意识，那时候不再需要意识参与，潜意识就会自动识别这个字。对于一般人来说，完全进入潜意识的字应该在1000字左右，其实就是汉字最最常用的800~1200字。"

"可为什么写上多遍以后，就觉得不认识了呢？"

"我们来看一下意识和潜意识的对话，你就明白了。"

John从怀中掏出两个小人。一个小男孩，一个小女孩。

两人似乎是以光影的形式存在的，但是能看得非常清楚。小女孩在纸上写了一个"记"字，然后问男孩："这是个什么字？"

"这个字念记，记忆的记！"男孩回答说。

女孩又写一个，问男孩，"这是个什么字？"

男孩又瞥了一眼纸上的字，没好气地说："记忆的记！"

女孩继续写第三遍，写完了，继续问男孩这是个什么字。

这时候男孩已经很不耐烦，"记忆的记，你有完没完！"

女孩子似乎没有听到男孩的牢骚，继续写字，写完了就拿给男孩子，问这是个什么字。

男孩没好气地说："我再说最后一遍，念记，记忆的记！"

女孩子再一次问他的时候，男孩子不再回答，扭头消失了。

这时候，女孩子继续写字。但是每次写出来她还想问问男孩这个字念什么，是个什么字。但是男孩子已经不见了踪影，于是女孩子再也不认识这个字是什么字，而且越写越不认识。

女孩伤心地哭了，可男孩子早已经没有了踪影，不知去向何方。

"你看懂什么了？"

"和我刚才写字的过程有关，但是还是不太懂是什么意思。"

"男孩代表的就是潜意识，女孩代表的就是意识。潜意识追求快乐原则，而意识追求道德原则。也就是说男孩子是怎么开心怎么玩，从来不管这件事这样做对不对，符不符合社会的道德标准。而代表意识的女孩则遵循道德原则，就是说做事首先遵守是社会的道德规范，哪怕这样做让自己很不快乐，也要以遵守这些道德规范为前提。"

"哦，可是为什么一个字写上几次后会变得陌生呢？"

"前面我们已经说过，常用字已经完全由潜意识来接管，不需要意识的参与了。所以当第一次写出或者看到这个字的时候，潜意识会告诉我们这个字是'记'，第二次，意识再次提问，它依然还觉得这事还好，第三次，第四次，第五次以后，潜意识慢慢觉得烦了，不好玩了，于是跑走了，找更好玩的去了。一旦潜意识从这个字上走开，我们对这个字的识别就交给意识来处理了。而意识的处理就变成了理性的处理，只能从结构和笔画上来确认这个字是正确还是错误，而不存在像不像的问题了。"

"哦，原来是这样，有点明白了，可是如果是一个并不熟悉或者新学的生字，我们会不会产生这样的错觉呢？"

"哈哈，我正想说这个问题，我们可以来试一下。"

John从旁边折了一根小树枝，在地上写出了下面的三个字。

锡茶壶

"这三个字认识吗？"

"锡茶壶，哈哈。但是我知道中间的字念tú。xī tú hú？"

"哈哈，你仔细看，就是在'锡茶壶'三个字的基础上分别添加了一个横。其实这是一个古代人的名字，很多人都管他叫锡茶壶，实际上这个人叫yáng tú kūn。"

"好奇怪的名字啊！"

"是的，这三个字应该都是不常用的字。好，现在你用和刚才同样的方式把这个'壶'字再写上16遍，看有什么不同。"

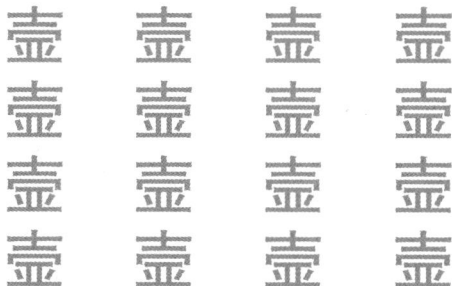

壶　壶　壶　壶
壶　壶　壶　壶
壶　壶　壶　壶
壶　壶　壶　壶

【注】这里也请读者静下心来，认真地一笔一画地做这个练习，感受一下和之前写常用字有什么不同。

"写完了。"

"有什么感觉？"

"没什么感觉，不像之前的那个'记'字，写多了就感觉不认识了。"

"没有觉得这个字是不是写错了？"

"是的，没那种感觉。这是为什么，同样是写了16遍，何况我也写得很认真，没有连笔或者偷懒啊。"

"因为这个字根本没有进入你的潜意识，你到现在对它的识记仍然停留在意识层，也就是理性阶段。其实你一直写的并不是这个'壶'字，而是一个'壶'加一个横。你每写一遍，都是在加深这个逻辑，就是一个'壶'加一个横。"

"那什么时候它才能进入潜意识，出现和刚才那个'记'字一样的效果呢？"

"这个可能比较难，不是单单通过这样的写能实现的。需要经过无数次反复读写听说的过程，一个字才会慢慢进入我们的潜意识。"

"哦……"

出　山

专注于学习的时间是过得很快的。30天很快就过去了，恩完成了全部训练，也通过了记忆宫殿的出关考验。离开尝试山之前，John反复叮嘱恩："记忆宫殿的精髓在于应用，好的记忆力一定是用出来的，而不是学出来的！"

林子从心理咨询室里出来，她脸上还挂着泪痕。一开始，她是想要来这里寻找帮助她的儿子恩的方法，但经过与心理咨询师祝健的交流，她发现问题似乎不止出在儿子身上。她的原生家庭、她的婚姻、她与儿子沟通的方式都在一步步地将她推向"悲惨"的命运。是的，尽管她并不想要变得悲惨，但却潜意识地主导了这出惨剧，好让自己可以去怪罪他人，好让自己不必负起责任来。她又想起那对在大楼门口吵架的母子来，或许，那个孩子脸上的不屑一顾曾经也出现在自己的脸上。而如今，当她自己接替了"母亲"的位置，又把这个"冷漠"的面具传递给了儿子。

在心理咨询室里的2个小时，她感觉自己似乎在不断地挖空自己的过去，仿佛挖开烂疮。她从未感觉如此疲惫，但也从未感觉如此轻松。但她又隐隐对祝健有点憎恨起来，似乎怪罪她拿走了自己赖以遮身的最后一片布，以至于自己不得不去面对生活中所有的残局。她花了那么多钱让孩子上补习班，自己操心劳力，难道错了吗？！

"你花钱想要提高孩子的成绩，还是想要证明自己对于孩子已经足够上心，所以孩子学习不好已经不是你的责任了？"她在心里问自己。

祝健在林子的身后关上心理咨询室的门，仿佛是把这一段的咨询关系抛在了脑后。林子的思绪被打断了。

恩走出记忆宫殿，外面的天空一片湛蓝，全然不像一个月前那个夜晚，下着瓢泼大雨。恩看着远处的本能山，突然想起了John说的话。但是自己现在该去哪里呢？恩既想要马上回到家里，向妈妈、朋友、同学们炫耀自己学到的新方法，甚至马上再参加一次考试，好一鸣惊人，又想要继续锻炼记忆技能，以便能登上那座本能山，摘得"世界记忆大师"的头衔。

但是，离开了密训室，他感觉自己的懒劲又回来了。他手里攥着离开时John给他的一张名片，上面写着一个名字：Peter，记忆教练，至今已经培养出几十位世界记忆大师。恩想，自己或许应该去见他。

四大途径

恩来到了Peter的房间，说明了来意。"Peter老师，我感觉自己离开记忆宫殿后坚持不下去了，该怎么办？"

"哦，原来是这样。我明白了。"

"老师，我不想半途而废，我想到本能山上去，成为世界记忆大师！您有什么办法让我坚持下去吗？"

"要回答这个问题，请你先跟我来。"恩眼前一晃，再看清时，自己正站在一个非常宽敞的院子里。院子里长满了大树，院子的四周都是古色古香的瓦房，分东南西北四个方向。每个方向的正门格外宽敞。正门上方的牌匾上分别写着：模仿区、投资区、组团区、传授区。

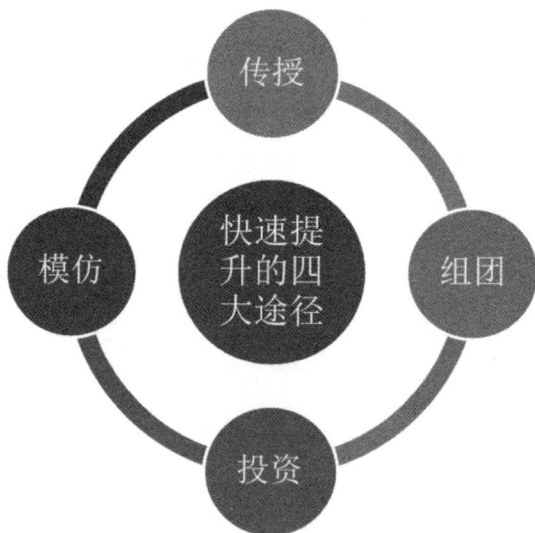

恩觉得这些名字的风格好熟悉，就像自己刚进记忆宫殿时，既亲切又感到有些紧张。院子的正中央是一块很大的石碑，上面刻着好多字，恩走过去认真读超来。

任何的兴趣和爱好，不管是体育运动、养花养鸟还是动手动脑、收藏把玩、唱歌跳舞、旅游户外，凡是涉及需要付出努力才能有所收获的，都必须长时间地坚持才会在这个领域有所提高。

但无论这个爱好当初多么吸引你，随着时间的推移，你总会慢慢失去当初的热情。这时我们要么选择放弃，去寻找新的爱好，要么想办法坚持下去。

这里传授给你的就是让你坚持下去并能快速提升自己的四种方法：模仿、投资、组团、传授。

请走进每一个单独的区域，去领略其中的神奇效果。

恩虽然相信Peter带给自己的肯定是很珍贵的东西，但仅从这个石碑上的字米看，他还不能明白究竟是什么，是否能让他有所收获。既来之，则安之。

他轻轻推开了第一个房间的门，走进了模仿区。

模仿区

进门后是个长长的走廊，Peter就站在走廊里迎接他。

"欢迎你来到模仿区！"

"这里为什么叫模仿区？我们要模仿什么？"

"学习任何技能都是从模仿开始的。我们小时候经常说一句话叫：'比着葫芦画瓢'，其实说的就是这个道理。"

"那我们今天要模仿的是什么呢？"

"模仿你想成为的那个人。你不是想成为世界记忆大师吗？"

"是的，我希望自己有一天能站在世界记忆总冠军的领奖台上。"

"好啊，那我们就从模仿记忆大师开始！"

"怎么模仿呢？"

"你跟我来！"

恩跟着Peter走到了走廊的尽头，轻轻推开一扇大门。恩迈进门的同时，被房间里的情景惊呆了。

房间的正中间是一张很大的桌子，桌子周围围着很多的人，不过全是一些雕塑的人，他们或站、或坐、或弯腰，形态各异。他们有的手里拿着扑克牌，有的端坐着微闭双眼，有的用手撑着前额做冥思苦想状。

"这些雕塑都是什么人？"恩问道。

"这些都是国内知名的记忆大师，你看，这位是人名头像的冠军，旁边的那个女子是马拉松数字的冠军，这边这个是一小时扑克的冠军，而这位是抽象图形的单项冠军……"

"原来这里全是记忆大师，而且人人都有绝活。可为什么要把他们做成雕塑呢？"

"这是为了方便我们一个一个地模仿，如果他们都在动，你不早就眼花了，模仿谁好？"

"那我需要模仿他们什么呢？"

"模仿有三个层次：模仿动作，模仿行为，模仿思维。"

"模仿还这么复杂？！"

"是的，就像我们看一个大师打太极拳。对太极一无所知的时候去模仿一位大师，我们应该怎么模仿？"

"肯定看他怎么打拳，我就学他的样子。"

"对，这就是模仿动作，最初级的，也是最基本的模仿。"

"那高级的是什么？"

"就是你的动作已经模仿得像那么回事了，然后就要思考为什么同样的动作却没有大师那样的能量和效果。其实就是因为太极不仅是动作，还要配合你心理的能量，也可以说是我们不仅要练招，还要练所谓的气。这时候，你的境界就不一样了。这就是我们所说的模仿行为。"

"那下一个境界呢？"

"下一个境界是模仿思维模式，其实就是模仿心了。"

"模仿心？心怎么模仿？"

"就是模仿大师对于每一件事情的心态和想法。我们还是以太极为例，一个真正的太极高手，不仅有招式、有内力，还要有非常深厚的太极修养。要能用太极的心态和观点去看待身边的人、事、万物。这就是模仿思维模式。"

恩似乎明白地点了点头。

"去吧，去和这些大师们生活在一起，去模仿他们的一言一行，我相信你会有收获的。"

恩走进模仿大厅里，开始一个一个地激活这些大师的雕塑。然后在一个个虚拟的环境里和每一个大师生活了一个月的时间。这种虚拟环境中的一个月，实际上只有几分钟的时间。

两个多小时后，当恩从模仿区走出来的时候，他已经像当年《天龙八部》里的虚竹一样，身上聚焦了二十多个记忆大师的功力。

接下来的几个小时，恩分别到后面的几个区进行了感受和体验。

投资区

这个区主要是教会了恩如何把有限的精力和财力投入有用的地方，因为学习需要投资，我们要舍得花钱买必需的书，舍得掏学费去听经典的课程。但我们的精力是有限的，财力也是有限的，必须有所取舍。

"有付出就有回报。"恩说，但是马上被Peter更正了。

"错。有付出不一定有回报。但是要想有回报，必须要付出。"

"哦。"

"很多时候，我们的付出不一定会看到效果，不一定能感受到有所收获。但是如果我们不付出，肯定是一无所获。这个区虽然叫投资区，但是不是说我们花钱了就叫投资了。"

"对，妈妈给我花了很多钱，帮我报补习班，但我没有听进去，没有花心思去提高成绩，这就不叫投资。"

"看来，你在这里不仅学会了记忆方法，还学会了体谅妈妈。"Peter调侃道，他不管恩有些发红的脸，继续说道："是的，投资金钱只是很小的一部分，我们还要投资时间。当然舍得花钱是必须的，有时候我们总觉得花几千块钱去学几天的课程太贵了，没有必要。我也曾经走过这样的弯路。"

"是吗？看来我还是比较幸运的。"

"是的，我刚开始学记忆法的时候，国内的培训刚刚开始，一个全程的培训要接近一万元，远远超过了我的承受能力。"

"那老师您当初是怎么学的？"

"找免费的。到网络上去搜索那些免费的教学、文章，然后自学。虽然也学了些皮毛，但是进步非常慢。本来应该几天就能学会的东西，我整整研究了三年。直到后来我有机会参加了一次正规的培训，才知道自己这三年走了多少弯路。"

"哦，看来有时候花钱就相当于买一条捷径！"

"差不多吧，我们必须舍得把时间花在有用的地方。当然更重要的还是要舍得花时间去学习、训练、应用。舍得、舍得，有舍才有得。只有舍弃了我们平时玩游戏、看电影、休闲娱乐的时间，并把它们用来学习我们想要的知识，训练我们想要的技能，我们就一定会在这方面有所收获，这才是舍得的道理。"

"时间的管理和应用确实非常重要。"

"不仅是时间的管理和应用的问题，更多还是心态的问题。我曾带过一些学员，他们舍得花钱也舍得花时间，系统学习和训练了几年了，却一直没有收获。知道为什么吗？"

"自己不够努力？"

"是的。根本性的问题是他们的内心深处总有一种错误的理念，就是我交了钱了，就一定会有收获。感觉交钱学习就像交钱看一场电影，只要我花钱买了票，就能轻松地看完。其实不然，交了学费只能证明你有资格来看这场电影，但并不能保证你一定能看得懂。总有学员把学会知识和掌握能力的事寄托在别人身上，这样的人永远不会拥有自己想要的知识和能力。"

"我怎么感觉这个观点似曾相识？"

"在排斥山和怀疑山上就有许多这样的人，而在尝试山上，这样的人虽然变少了，却依然存在。所以我们说的投资，不仅是投资金钱。在投资区里面，你也能听到很多的人在抱怨。其实所有人学习的是同样的东西，但是自己愿意努力的人就学会了，也就有所收获。而那些从来不去找自己的原因，而是抱怨老师不行，课程设计得不行，这儿不合理，那儿也不合理的人永远也学不会。其实不合理的只有一个，就是他们不努力，这其实都是在为他们的不努力找借口。"

"我也曾经有过一段时间怀疑自己当初的选择是不是错误的。听了您的这些话，我坚定了信心，一定会更加努力。"

"永远不要把成长的希望寄托在别人身上，不管课程多么科学，辅导你的老师多么优秀，也不管和你一起学习的同学多么愿意帮忙，这些都和你没有关系，只有靠你自己不断地努力，你才能慢慢地蜕变，慢慢地成长。"

"我明白。我一定不会让老师失望！"

组团区

恩在踏进这个区的大门之前就一直猜想这个区到底是做什么的？当他进入这个区的时候才知道，组团其实就是寻找一批和自己有共同爱好和目标的人，共同成长。

恩走进这个区以后，先利用一段时间让自己回忆一路走来遇到的问题、疑惑以及曾经出现过的想放弃又不甘心放弃的矛盾心态，同时也回忆在之前的训练中曾经坚持渡过了无数难关的经历和成功掌握一些技能后的愉悦。

这时候房间里出现了几十个恩，每个都是恩自己曾经的一种状态，有的失落、有的迷茫、有的信心百倍、有的脚踏实地。

几十个这样的恩聚在一起，共同学习同样的东西，因为自己对另一个不同的自己的彼此了解，他们在一起互相鼓励，相互帮助。

这个骄傲了，那个就会给他来点儿打击，让他明白不要觉得自己高高在上，比他厉害的人还有很多。那个失去信心了，这个就会过来鼓励，告诉他每个人都从这个阶段走过，坚持一下，就会渡过这个难关。

更重要的是，很多人聚在一起的时候，不管遇上什么问题，他们都会及时在一起讨论，很快就会有人给出正确的解答。在自己感觉不知道如何更上一层楼的时候，总会有人提出更高的挑战项目，让那些稍稍落后的人不断地学习、不断地进步。

恩明白了，自己有时候没有进步，主要还是因为自己一直是一个人在战斗。他需要找到组织，找到一群和他有着共同爱好和共同志向的人，加入他们。

"Peter老师，如何才能找到那些和我有着共同追求的人呢？"

"这个你找我就好了，我带领着三个训练团队。一个是专门训练记忆术如何应对考试的，一个是专门训练记忆术在生活中的应用的，还有一个是专门训练记忆大师的，就是为去参加世界记忆锦标赛做准备的。"

"太好了，我能加入吗？"

"那就要看你的实力了。"

传授区

传授是什么？就是给别人讲课，教别人东西。

恩在这方面还算是比较有天赋的，在这个区的训练他完成得非常好。恩是个表达能力非常好的人，基本上他自己能听明白的东西也能给别人讲明白。但是恩有些不太明白，同样的问题，同一个知识点，反复地给别人讲有什么意义。

"我先问你个问题：你觉得在老师给学生讲课的过程，谁受益更大？"

恩想了想说："肯定是那些认真学习并愿意课后努力的人。"

"错。其实在整个教学的过程中，受益最大的是老师。这就是我们设计这个环节的原因。"

"为什么？不是说老师都是燃尽自己、照亮别人吗？"

"因为你每一次用心传授的过程，都是自己成长的过程。很多人天生就有讲课的瘾，这样的人是成长最快的。一开始，他们对一个知识点的理解和掌握还处在一知半解的状态，即使这样他们仍然敢于到别人面前去讲。但是每讲一遍，他们对这个知识的理解就会加深一层，因为讲授本身就是复习和巩固的过程。"

"那和自己课后复习和巩固不一样吗？"

"当然。因为自己复习和给别人讲解的时候的心理状态是不一样的。自己复习的时候，心理上是完全放松的，遇上有些一知半解的内容或者不是特别熟悉的内容，我们经常会放过自己，得过且过，不断降低对自己的要求。不管自己嘴上说得多么严格，心理上却总有这样的一种放纵。但是给别人讲课就不一样了，因为别人是在一种仰视的状态下听你讲，在整个讲课的过程中，你认为自己的形象是高大的，所以你不允许自己犯错。在这样的心理状态下，你会非常认真地去对待每一个细节，本来需要用五分力气就能复习完的东西，你可能要花十二分的力气去给别人讲解明白。因为你时刻在暗示自己，我是老师，我不能犯错，我得让别人听清楚、听明白。"

"但是如果重复地讲解同一个内容，还会有提高吗？"

"我也曾经怀疑过，总觉得做一个老师，要想提高必须不断地学习新知识，才能讲出更高深的内容。当然学习是不可缺少的，作为老师肯定要不断地学习。但是很神奇的是，就算我只是不断地讲解同一个内容，一遍、两遍、三遍，讲着讲着，我就会在讲课的过程中领悟出一些新的东西来。不仅是领悟，有时候我会把本来是别人的东西变成自己的东西，并逐渐形成自己的一套理论体系，一套知识构架。这个过程不是通过自己一个人复习能形成的，必须要在传授过程中才能激发出来。"

"这个目前我还没有体会，听起来很神奇。"

"如果你从现在就开始给别人传授知识，相信等你到我这个年龄的时候，不但能成为一名非常优秀的讲师，还能成为这个行业里非常厉害的大师。"

遗忘之谜

从传授区出来，恩已经学会了坚持学习、不断提高的四大途径，但他心中还有疑惑。

"老师，虽然记忆宫殿的方法能让我们学得快、记得牢，但是时间长了还是会忘记，怎么办？"

"遗忘才是大脑正常的反应。如果大脑没有了遗忘的功能，那我们不头疼死才怪。因为大脑每天接收的信息太多了，而且99%都是无用的信息。如果我们把所有的这些信息都保存在大脑里，那还了得？！"

"可是，为什么有的事情我们就忘不了？"

"这只是一种错觉，我们忘不了，是因为经常地去复习。这种复习可能是有意识的，也可能是无意识的，但只有不断地复习才能保持记忆的完整。"

"有什么办法让我记住的考试知识不被遗忘呢？"

"当一个知识点重复到一定次数，进入潜意识了，就基本上不会再遗忘了。就像我们对常用的2000个汉字的记忆，即使不再复习也不会忘记了。但是那些生僻字、不常用字，虽然有时候能记起来或者猜出来，但是如果我们长时间不看、不写、不读，还是会遗忘。如果某个生僻字出现在自己或者是亲人、朋友的姓名中，而且生活中和这个人经常见面、接触，那这个字就不会再被遗忘了。"

"要复习多少次才能达到不会遗忘的效果？"

"如果是学习上的知识，建议你按照艾宾浩斯遗忘曲线的规律去复习，一定会大大提高记忆的效率，减少重复复习的次数。"

"这是条什么样的曲线？"

"这是著名的心理学家艾宾浩斯经过长时间的研究发现的一条关于人类遗忘规律的曲线。我们来一起看看这条曲线。"

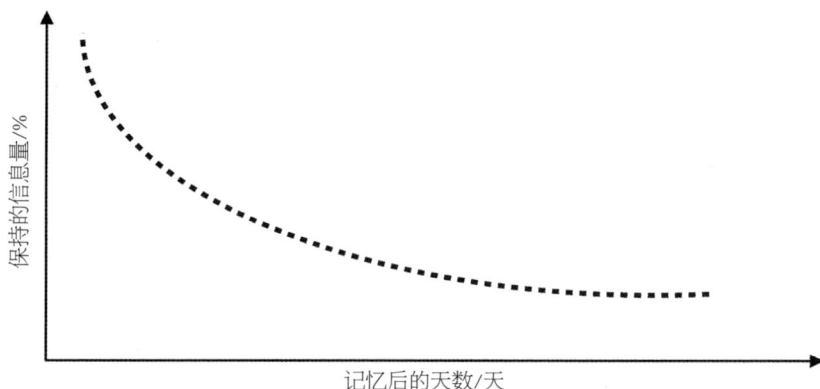

"从这条曲线上，我们可以看出，大脑的遗忘规律是先快后慢。刚开始的一段时间，大脑的遗忘速度非常快，随着时间的推移，遗忘的速度会变得越来越慢。"

"不是很明白这是什么意思。"

"以记英语单词为例，比如，我们记了100个英文单词，至于是死记硬背、词根记忆，还是图像记忆都没有关系，从我们记完这100个单词开始计算。假设记完后就不再复习，那么20分钟后我们大约还能记住60个，一小时后大约还能记住45个，一天后大约还能记住35个，两天后30个，一周后25个，一个月后20个。就算我们再也不复习，一个月后仍然能保持大约20%的记忆量。"

序号	记忆完成后的时间	能够回忆出的数量
1	0分钟	100个
2	20分钟	60个
3	一小时	45个
4	一天	35个
5	两天	30个
6	一周	25个
7	一个月	20个

"那这20个单词以后就再也不会忘记了吗？"

"不，仍然会遗忘。但是速度会越来越慢，这不是我们应该关心的问题。我们应该关心的是如何让另外的80个单词不会被遗忘。"

"对，这正是我想问的。"

"既然心理学家发现了这个遗忘规律，我们就应该按照这个规律去设计复习方案。"

"您的意思是说按照那个时间表去复习？"

"是的，既然掌握了遗忘的规律，就反其道而行。分别在20分钟后、一小时后、一天后、两天后、一周后和一个月后进行6次复习。"

"啊？！复习6次，那岂不是需要很多的时间吗？！"

"听起来是有些可怕。但是实际上复习的过程很简单，只要我们第一遍进行记忆的时候，图像足够清晰，那后面的几遍复习就会异常轻松，只需要过一遍图就可以了。"

"6遍之后，就不会再忘记了吗？"

"这个不是完全确定的，但是我们的遗忘曲线就会变成下面这个样子。"

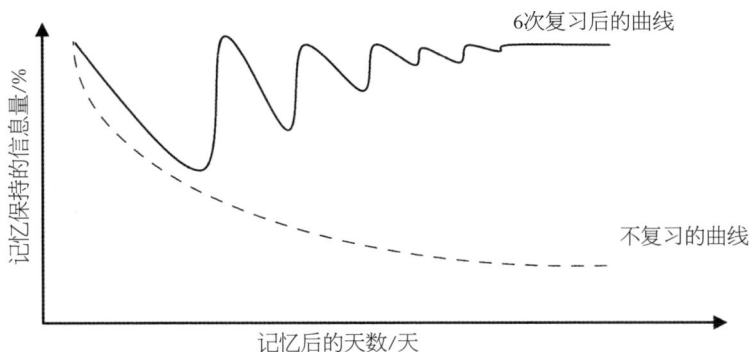

"好神奇的一条曲线！"

"经过我们6次复习之后，原来一条下滑的曲线，就变成了一条波动越来越小并逐渐平滑的一条直线。这时候我们对这部分知识的记忆基本上就处在一个稳定的状态了。虽然不能说终生不忘，但至少在相当长的一段时间里，我们会保持对这一部分知识的完整记忆。"

"看来科学地安排复习时间真的很重要。"

坚持还是放弃

"老师，虽然我今天又学到了很多的知识，但是我仍然有一个问题没能解决，就是在很多时候仍然处于矛盾的心理状态。"

"什么样的矛盾？"

"就是当自己训练找不到感觉或者无法突破一个瓶颈的时候，我不知道自己是该坚持还是放弃。坚持是一件很痛苦的事，放弃又是一件很遗憾的事。"

"这是每个大师都经历过的一段心路。还记得学习的四个境界吗？不管是哪位大师，他们都只能帮你走到有意识有能的境界，要想达到那种无意识有能的真正高手的境界，只能靠你自己。"

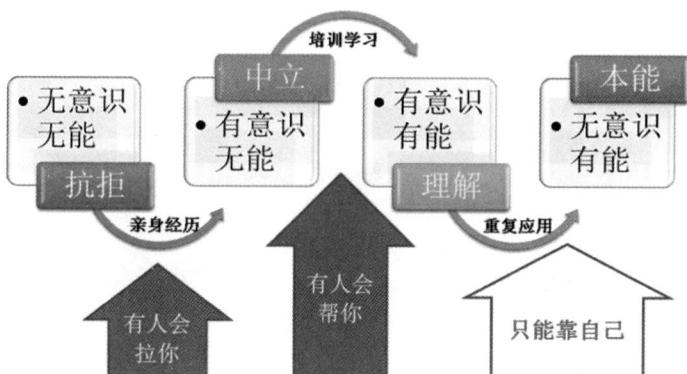

"坚持了就一定能走过去吗？"

"我只能肯定地告诉你，如果你选择了放弃，那么不仅会很快地丧失已经训练出来的能力，还会逐渐对自己已经学会的东西产生怀疑，那时候你就慢慢退化到了有意识无能的状态。你会不断地在第二重境界和第三重境界之间徘徊，直到你的坚持让你冲出这个不良的循环圈，达到第四重境界——大师的境界。"

"需要多久才能达到第四重境界？"

"这个不一定。有的人需要几个月，有的人可能需要几年。"

恩若有所思地点了点头。

告别了Peter，恩一个人走在回家的路上。夜已经深了，他已经记不清自己是什么时候来的这里，怎么来的，只知道现在又累又饿。回忆这段时间的经历，一切都像在梦中一样。他已经分不清哪些是真实的，哪些是梦境的。从自己手持地图在四座山之间穿行，到记忆宫殿几十天的集训，John、Susar、Peter，这些人真的存在过吗？还是自己做了一个梦，无数次地穿行在不同的地点、不同的场景，到底哪些是真实、哪些是虚幻？

虽然这种种经历让恩觉得分外不真实，但恩确确实实能感受到自己脑中获得的知识。那就是他已经知晓了记忆宫殿的秘密，掌握了神奇的记忆术。留在自己头脑中的知识和能力已经是事实了，其他东西似乎已经不再重要。

恩突然想起了妈妈，想起了珊。他感觉自己已经很久没有见她们了。为什么自己离开这么久，没有一个人找过自己？

天空中又下起了雨，雨越下越大，很快恩的全身就湿透了，恩似乎又回到了一个多月前的那一夜，但他似乎已经摆脱了那一夜的烦闷、焦躁，他又一次在雨中奔跑起来。跑到之前借住的旅店时，恩感觉自己跑不动了，就停了下来，他想进去休息一下。

旅店里的工作人员还是原来的人，甚至给恩安排的还是原先的那个房间。

"这可真巧。"恩心想，"一切都似乎和原来一模一样，只是我已经不是原先的我了。"

挂起淋湿的衣服，恩把自己裹进被子里。他觉得自己似乎已经很久没有好好地睡一觉了。

10点，恩的手表闹钟将他吵醒，他翻了个身，手碰到了枕头底下了那本书。他把书抽出来一看，这不正是那本破旧的记忆书吗？他记得自己已经把它还给了John，为什么它还在这里呢？

恩看了一眼手表，早上10点。但是这个日期是怎么回事？！他记得昨天是7月7日，而现在手表上显示的时间是7月8日。可是他明明在记忆宫殿中待了30天，还在爬四座山以及和Peter老师的交流中花了好多天的时间。这是怎么回事呢？

恩再次看向了手上的书，这本书上的签名昨天晚上还是模糊不清的，但现在已经变成了清晰的"恩"。难道,现在这本书已经属于我了?恩确定他脑中有关记忆宫殿的记忆是属于自己的,他现在还能清晰地想象出地点桩,也能记得曾背过的圆周率、英语单词、《千字文》……

恩想起小时候看过的烂柯人的故事,不同的是,他似乎是在"异世界"过了更长的时间,而在现实生活中只过了一夜。他想,他现在应该回家了。

林子告别心理咨询师回到家,她已经决定不再将自己的责任转嫁给恩了。但是,她还是打算帮助恩解决现实的问题——记忆差。她想起昨天晚上看的那个记忆训练的广告。

"那会是解决问题的办法吗?"她在心里思索着,慢慢走回了家。

打开门,没想到恩已经回来了。林子几乎立刻就想发火,她想到了那张只得了5分的试卷,但是看到恩乖乖地在房间里看着一本书,她又想到了心理咨询室里的对话,她消了火。

恩转头看见妈妈,久违地看见妈妈的笑脸,他兴奋地开始向妈妈讲述自己学到的记忆、学习方法。而这将带领母子二人走向更好的生活。

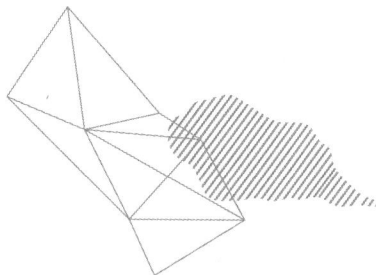

知识要点

记忆的本质和原理是什么？对三大记忆模式有什么新的感悟？六种方法包括什么？训练过程中还需要解决哪些心理困惑？

完成逆袭

一年很快就过去了，转眼就到了第二年的家长会。林子又一次坐到恩的位子上，但是她今天的心情有些不同。

短短的一年，恩从一个垫底的孩子成了班里的17名。连林子自己也不太敢相信，宫殿记忆法真的彻底改变了孩子。而且林子似乎已经看到，明年的今天，恩的成绩一定能冲进班里的前10甚至前5。

想着想着，林子禁不住自己偷偷地笑了。她悄悄瞥了一眼不远处小克的妈妈大玲，大玲正面无表情地看着小克的试卷发愣。小克肯定又考得一团糟，估计不是倒数第一就是倒数第二。从大玲的神态中，林子看到了过去的自己。

都说恨铁不成钢，哪一个家长不希望自己的孩子有出息？但出息不是恨出来的，也不是爱出来的。很多时候，家长对孩子真是"老虎想吃天，无从下口"。

家长会后，林子没有像去年一样急匆匆地溜走，她很悠然自得地走在校园的路上。她从来没有仔细看过孩子每天生活的这个校园，现在，她忽然觉得校园里的风景也是如此美好。绿树、花坛、雕塑、操场，一切让人觉得活泼又不失温馨。以前自己最讨厌的地方就是学校，似乎在这里埋藏了她太多的耻辱，而今天，眼前的世界看上去是如此不同。林子明白，其实是儿子改变了自己。

"林子！"大玲从远处喊了一声，打断了林子的思绪。

"哎，大玲姐！"

大玲急匆匆地跑到林子跟前，说："你们家恩为什么一下子就蹿到了第17名，你给他吃了什么灵丹妙药？！"

林子笑了，这次她笑得很幸福，再也掩饰不了自己内心的骄傲。

"问你呢，我给我们家小克也吃点呀。"

"哪有什么灵丹妙药！"

"那他怎么一下子成绩提高了这么多？！"

"是他去年学会了一套好的学习和记忆的方法。"

"什么方法这么厉害？从哪儿学的？我让我们家小克也去学。"

"宫殿记忆法。"

"这真的能提高孩子的记忆力吗？我们家小克就是记忆力太差了。"

"大玲姐，别说孩子的记忆力差。我以前也这么认为，可自从恩学了宫殿记忆法，我才明白了一个道理：想提高记忆力是很难的。"

"唉，你这是什么意思？恩的成绩提高这么多，难道不是记忆力提高了？"大玲有些不高兴地说，"林子，你现在怎么这么不实在，还怕我们家小克超过你们恩不成？"

"大玲姐，你别急，听我慢慢和你解释。"

所谓记忆，分为记和忆两部分。

记，就是把信息输入大脑。

忆，就是从大脑中将信息提取出来。

大脑能够记忆的信息有很多种。我们平常所说的课本知识其实大多只是记忆信息中的一种，也就是文字记忆。除了这种信息，我们的大脑还能记住声音、图像、感觉（视觉、味觉、触觉、体感、内感等），以及情绪等信息。

这许多种信息中，大脑记忆最深也是最不容易忘掉的是对情绪的记忆，我们对经历过的喜怒哀乐都会印象深刻。有些事情可能已经过去很多年，但是一有外界的刺激，就会很快把我们带入当时的一些情景中，让我们的情绪立刻变得和当时一样。俗语说："一朝被蛇咬，十年怕井绳"，其实就是情绪记忆的最好诠释。

情绪记忆可以大体分为对好的情绪的记忆和对坏的情绪的记忆两类。对好的情绪的记忆可以简称为好情绪，反之称为坏情绪。这类情绪记忆不仅让我们记住了一种情绪，还让我们对造成这种情绪的事件形成一种依赖或者抗拒。

"你还别说，确实是这样！"大玲突然打断说，"我们家小克现在特别讨厌历史课，就是因为刚开始学历史的时候，他们的那个历史老师特别严厉，而且说话还特别难听，有一次狠狠地批评了他。估计从那以后他就故意和老师对着干了。"

"很有可能，你后来没有就这件事对他做一些适当的心理疏导吗？"

"心理疏导？"

又是历史课，小克非常不喜欢历史课。他觉得历史课本上的那些东西太无聊了，而且学那些有什么用，都是那么多年前的事了。地理都比历史有用，至少还能让人知道哪个城市在哪个方向、有什么特色，将来出去旅游，还会有帮助呢！

小克坚定地认为历史是没用的。

这是开学以来的第三节历史课，崭新的课本也无法唤起小克的兴趣。每开一门新课的时候，小克都会学得特别认真，有时候这种好的状态能保持半年到一年。成绩虽然不是班里的优秀，但至少不会掉队太远，通俗地讲就是：还能跟得上。但是历史课只上了两次，他就完全失去了兴趣。

历史老师走进教室，打断了小克的思路。这位新老师十分严格，对于课堂纪律尤为看重，因此她一进教室，同学们就停下了窃窃私语和小动作。小克也一样，他拿眼睛偷偷瞟了一圈周围的同学，只见他们个个小脸拉着，小嘴撅着。

小克不明白为什么老师一进门就看同学们不顺眼。

"现在提问上一节课的内容！"

教室一点声音也没有，更没有一个人敢抬头，全都缩在那里一动不动，生怕老师把自己给叫起来。

小克也异常紧张，因为他从上节课上完到现在，压根一个字也没看过，早忘了上节课学的是什么了，只是隐约记得讲的内容好像是原始社会的什么东西。

"老天保佑，千万不要提问我啊，千万不要提问我！"小克在心里默默地祈祷着。

"张——小——克，是叫张小克吗？"历史老师拿着讲桌上的花名册问道。

小克很不情愿地站了起来。他最讨厌这样的提问方式了，先把人叫起来，再提问，让人一点心理准备也没有。其他老师都是先提出问题，然后等上几秒钟，用眼睛在教室里扫视上几圈，再点学生的名字。

小克想，这次死定了，不知道会被怎么惩罚呢？！

"你说一下半坡氏族和河姆渡氏族的居民分别有什么特点。"

小克拼命地回忆着，但是除了"半坡氏族"和"河姆渡氏族"这两个词语还有点耳熟，其他的内容根本没有一丁点儿的印象。他唯一能做的，就是呆呆地站在那里，等待着惩罚。

10秒，20秒，30秒……

"怎么不回答？"

"……"

"问你呢，怎么不回答？"

小克终于鼓起勇气说出了两个字："不会。"

"不会还这么理直气壮？！你为什么不会？你上节课干什么去了？我讲课时

你做什么了？我让你回家复习，你复习了吗？我说的话你根本听不见是吗？"历史老师提高了嗓门。

他又叫了两个同学，结果那两个同学不管熟练与否，还算是说出了大部分内容，只有小克自己还在那儿傻乎乎地站着。

过了好一会儿，小克终于听到了那句"赶紧坐下吧，别站在那儿丢人现眼了。"

小克的这段经历让他对历史产生了很大的抵触情绪，即使后来换了历史老师，他依然对历史提不起兴趣，就像当年的恩一样。

"是的，大玲姐。我建议你带孩子去做一下心理疏导。"林子很认真地对大玲说。

"好吧，可是上哪儿去做心理疏导呢？"大玲自言自语道。

"大玲姐，我到现在才明白，在很多时候，孩子记不住东西，并不是脑子笨，而是他在记的时候注意力根本不在这上面。所以不管你怎么给他施加压力，或者让他在那儿背多长时间，都没有效果。"

"你说得没错，小克就是这样。就几句话，他经常背上半个小时也背不下来。你听他背诵就着急，背不了两句，声音就越来越小，然后就没声了。估计那时候思绪早不知道跑哪儿去了。"

"没错。孩子的内心深处（潜意识）正在拼命地排斥背诵的东西，所以，家长和老师越逼着他背，他的心情就越烦躁，效率就越低。"

"那怎么办？就不管了，不让他背了？！"

"你让他背也没什么效果啊？！何必让孩子憋屈在那里受罪呢？！"

"我才不信呢？！"大玲很不服气地说，"肯定你有什么高招不愿意告诉我，小气！"

"哈哈，"林子无奈地笑笑说，"大玲姐，你让小克有时间到我们家来吧，我让恩教教他。"

"让恩教？"大玲有些不太相信地问。

"你是担心恩教不会吗？"林子说，"我的意思是两个同龄的孩子更容易沟通，你觉得呢？"

放假的第三天，大玲和林子带着两个孩子来到欢乐谷，算是放假后让两个小家伙儿彻底放松一下。

现在的孩子确实不容易，每天除了上课、做作业、吃饭、睡觉，几乎没有自己的时间。孩子之间的竞争越来越激烈，家长和老师给孩子的压力也越来越大。还只是初中，就有很多孩子每天作业都要做到深夜12点，早上不到6点就要起床接着学习。正处于发育期的少男少女们，连基本的休息时间也不能保证，怎么能保证学习效率呢？好不容易有个假期，做父母的还要给孩子报各种补习班，结果假期比上学还要忙。可怜的孩子们！

"一定要让恩学会好的学习方法！"林子心想，"只有这样，才能让恩从学习的痛苦中解脱出来！"

出发前，林子专门给恩和小克布置了一个很特殊的任务。

记住欢乐谷内所有东西的位置，并记住每一个娱乐设施和每一座建筑的细节，回家后凭借记忆画出欢乐谷的三维地图。

恩在记忆宫殿密训的时候已经接受过类似的训练，但是小克还蒙在鼓里，不明白去游乐场玩怎么还捎带这么一个奇怪的任务，于是在路上偷偷问恩："你妈让咱们记这东西是要闹哪一出啊？"

"你照着做就是了。"恩也不做解释，轻描淡写地说，"你要不喜欢可以不记。"恩淡淡一笑，小克一头雾水。

游乐场里，两个少年疯狂地玩了一整天，可算是过足了瘾。林子和大玲在游乐场的咖啡厅里找了个角落坐下来，东拉西扯地聊着天。

"林子，你说我们家小克能学会吗？"

"能。"林子敷衍了一句，她正在关注手机上一条脑力锦标赛的宣传公告，据传今年的全国脑力锦标赛可能就在她们居住的城市举行，她正在考虑是不是让恩去参加这次比赛。

"我怎么就一点信心也没有呢？"大玲一脸疑惑的样子。

"哦。"

"你哦什么哦？！"大玲有些不高兴地说，"我说的啥你听见了吗？"

"你说啥？"林子没想到自己随口说了这么一句。

"唉！算了算了！"大玲生气地说，"不是自己的娃当然漠不关心了！"

看到大玲真的生气了，林子放下手机，很认真地说道："大玲姐你别生气，你这一整天就一直在担心和怀疑。你说连你自己都对儿子没有一点信心，你怎么指望你儿子能全身心地、信心十足地投入学习和训练呢？"

"也不是，我是看他那不成器的样子着急。"

"你着急有什么用？人家现在不是正在外面没心没肺地玩得正高兴吗？"

"你们家恩现在学习成绩上去了，你是不着急了，你这叫站着说话不腰疼！"大玲气呼呼地说了这么一句，然后就把脑袋转向一边，表现出一副非常生气的样子。林子赶紧说："大玲姐，我能理解你现在的心情！"

"你理解个啥！"

"哈哈。"林子笑了笑，然后很认真地说："我之所以这样说，是因为一年前我的心情和你现在一样，恨铁不成钢，但又浑身是劲没处使。"

"对对对，我现在就是这感觉！"大玲转过头来使劲地点头。

"你想知道我后来怎么改的吗？"

"当然想，你快说！"这大玲气来得快，去得也快。

林子却突然停了下来，低下头，深深叹了一口气。

"你叹什么气，等你传授经验呢！"

"大玲姐，"林子很正式地说，"你觉得自己有缺点吗？"

"那个熊孩子浑身是缺点……"

"大玲姐，我、问、的、是、你！"

"我？！"

恩和小克从过山车到疯狂战车，把所有刺激的项目基本上玩了个遍，大半天才下来，已经觉得没有什么新游戏项目能让他们找到更刺激的感觉了。

恩说："还记得我们来的任务吗？"

"任务？"小克早把任务抛到脑后了，这时候才想，"好像是让我们记什么东西吧？"

"我们的下一个项目。"恩指了指身后的摩天轮说，"这个，可以看到欢乐谷的全景！"

"好无聊啊，转一圈要好长时间啊！"

"没关系，你可以不上去，坐在下面等我。"恩说，"我去买点喝的。"

"我去买！"小克抢先站起来说，"你喝什么？我现在得巴结、巴结你，要不然今天的任务就完不成了。"

"哈哈，"恩说，"随意吧，你喝什么我就喝什么！"

摩天轮在慢慢地转动，恩和小克的位置越来越高。

恩透过窗户向外观察欢乐谷的全景，时而静静地盯着窗外，时而微微闭上眼睛若有所思。小克很无聊地坐着，不停地用吸管喝着手里的冷饮。

"我们现在的高度可以看到欢乐谷的全景了，转过去大约需要2分钟。"恩突然开口说道，"你试一下，能不能在2分钟时间内把欢乐谷的全景记在脑子里。"

"哦！"小克听得出恩是认真的，虽然很不情愿，也不明白到底是要做什么，但还是答应了下来。

"需要记哪些东西？"小克不解地问，"每样东西的颜色、形状、细节都要记住吗？"

"能记住最好，但主要是记住每样东西的大体轮廓和它在游乐场的位置。"恩解释道，"相当于在脑子里画一张地图，你闭着眼睛能说出在哪个方向、哪个角落有什么就可以了。"

"哦！"

小克开始很认真地看着窗外，尽管他觉得实在不知道从哪儿开始记忆，但还是很认真地念念有词地记了起来。恩最后一次环视了一圈整个游乐场，然后轻轻闭上眼睛。

小克突然觉得有点晕，就像平时坐电梯的那种晕。他很奇怪，刚才玩过山车那样刺激的项目都没有晕的感觉，为什么现在会突然犯晕呢？

晚饭后，大玲带着小克一起来到恩的家。

恩把小克带进自己的房间，然后找到一张白纸递给小克，说，"开始画吧！"

"画什么？"

"地图，你脑海中的地图啊！"

"这怎么画？"

"想怎么画，就怎么画！"

10分钟后，恩凭借记忆画出了欢乐谷中主要娱乐设施的形象和位置，而小克，只是在那张纸上画了几个简单的框框和圈圈。看到恩画得那么详细和生动，小克不好意思地笑了。

恩画的地图

小克画的地图

"小时候学过画画就是不一样啊！"

"这和学没学过画画没有关系，"恩说，"关键是你有没有用心，如果真正用心记了，而且用心画了，就算画得再不好，但至少是一幅完整的作品，能让人看懂画的是什么。"

"你少给我装大尾巴狼！"

"这不是装！"恩一本正经地说，"你要想学好记忆法，必须先把这种敷衍了事的态度改掉，要不然不管我怎么努力教你，都不会有好的效果。"

小克撇了下嘴，不再说话。

"知道我妈妈为什么让我们记这幅地图吗？"恩问。

"不知道，难道是训练记忆地理知识吗？"

"哈哈。我先带你体验一下记忆宫殿的神奇力量吧！"

说完，恩从书架上拿出一本书，随手翻开一页，说："今天我们就用这张地图来记这一页上的内容。"

小克把脑袋凑了过去。

中国历史上的十大民族英雄

1. 匈奴未灭，何以家为——霍去病

2. 精忠报国——岳飞

3. 留取丹心照汗青——文天祥

4. 抗倭名将——戚继光

5. 收复新疆——左宗棠

6. 虎门销烟——林则徐

7. 以身殉国——张自忠

8. 镇南关大捷——冯子材

9. 海疆英魂——邓世昌

10. 收复台湾——郑成功

【注】此知识点有很多不同的版本，大家可以自行在网络上查询资料进行脑补，在此仅以此为例讲解记忆方法。

"游乐场的地图和这些内容有什么关系？"

"别急，我们一点点来！"

第一步：我们先按顺序把地图上的10个点记在脑子里。

"我们就按照游玩的顺序来记吧。"

1.大门	6.大摆臂
2.商店	7.恐怖屋
3.奇幻世界	8.神秘桥
4.摩天轮	9.海盗船
5.过山车	10.民族风情

【注】本书中所有插图的彩色高清版请到作者微信公众号中去找。

"现在你闭上眼睛，看能不能按顺序想起这10个地点来。"

小克闭上眼睛，从大门开始，认真地一个一个在大脑中回忆地点。

"差不多。"小克回忆了几遍后说。

"行，今天不做严格的要求，只让你先体验一下什么是宫殿记忆法。"

"可我还是没明白这和那个历史上的十大英雄有什么关系。"

"马上就让你明白！"

第二步：把10个知识点依次转换成方便记忆的图像。

1. 匈奴未灭，何以家为——霍去病：联想到成龙的电影《天降雄师》中的霍去病将军的雕塑。没有看过这部电影的读者，可以用谐音法将"霍去病"联想成"火去病"，即一个人正在用烤火的方法治病。

2. 精忠报国——岳飞：联想到影视作品中岳飞骑马飞奔的形象。

3. 留取丹心照汗青——文天祥：谐音成"问天象"。一个人指着天，正在问另一个人天象。

4. 抗倭名将——戚继光：谐音成"七激光"。七条激光柱整齐排列。

5. 收复新疆——左宗棠：谐音成"做粽糖"。一个人在用锅做粽糖。

6. 虎门销烟——林则徐：这个大家应该很熟悉了，就直接想象成林则徐在焚烧香烟。

7. 以身殉国——张自忠：谐音成"章子重"，一个很重的印章。

8. 镇南关大捷——冯子材：谐音成"缝紫菜"，用针缝紫菜。

9. 海疆英魂——邓世昌：我看过一部相关电影，直接就想到他的形象。大家可以谐音成"等试唱"。一堆人在排队等着试唱歌曲。

10. 收复台湾——郑成功：这个也有很多影视作品和动画片的形象，大家可以直接拿来用，也可以用谐音"正成功"，想象一个人举着奖杯庆祝的样子。

"好了，我们快速整理一下这10个图像。"

1. 匈奴未灭，何以家为——霍去病：烤火

2. 精忠报国——岳飞 ：骑马

3. 留取丹心照汗青——文天祥：天象

4. 抗倭名将——戚继光：激光

5. 收复新疆——左宗棠：粽糖

6. 虎门销烟——林则徐：香烟

7. 以身殉国——张自忠：印章

8. 镇南关大捷——冯子材：紫菜

9. 海疆英魂——邓世昌：唱歌

10. 收复台湾——郑成功：奖杯

"到现在为止，我们已经用10个非常简单的图像来代表了10个民族英雄。"

第三步：把这10个图像挂在刚才的10个地点上。

10个地点对应的10个图像分别是：

1. 大门：烤火

2. 商店：骑马

3. 奇幻世界：天象

4. 摩天轮：激光

5. 过山车：粽糖

6. 大摆臂：香烟

7. 恐怖屋：印章

8. 神秘桥：紫菜

9. 海盗船：唱歌

10. 民族风情：奖杯

"开始利用我们的想象力让这10个图像和10个地点发生关系。"

1. 大门：烤火。大门口有一堆人在烤火。

2. 商店：骑马。商店里有人骑着战马在逛商店。

3. 奇幻世界：天象。两人在奇幻世界的门口指着天象小声讨论着什么。

4. 摩天轮：激光。摩天轮上发出七条整齐亮丽的激光。

5. 过山车：粽糖。过山车的轨道上挂满了粽糖。

6. 大摆臂：香烟。大摆臂上在不停地向下掉香烟。

7. 恐怖屋：印章。屋里有个超级大的印章，特别重。

8. 神秘桥：紫菜。桥上铺满了紫菜。

9. 海盗船：唱歌。船上有一群独眼海盗在排队等着试唱歌曲。

10. 民族风情：奖杯。园子里有个特大号的奖杯。

"现在你再闭上眼睛过一遍，是不是能够回忆出这10个图像？"恩说。

小克闭上眼睛试着回忆了一遍这10个图像。

1. 大门：烤火

2. 商店：骑马

3. 奇幻世界：天象

4. 摩天轮：激光

5. 过山车：粽糖

6. 大摆臂：香烟

7. 恐怖屋：印章

8. 神秘桥：紫菜

9. 海盗船：唱歌

10. 民族风情：奖杯

"好，那你现在再试着把这些图像翻译成记忆材料中的原文。"

1. 大门：烤火——火去病——霍去病

2. 商店：骑马——岳飞

3. 奇幻世界：天象——问天象——文天祥

4. 摩天轮：激光——七束激光——戚继光

5. 过山车：粽糖——做粽糖——左宗棠

6. 大摆臂：香烟——虎门销烟——林则徐

7. 恐怖屋：印章——章子重——张自忠

8. 神秘桥：紫菜——缝紫菜——冯子材

9. 海盗船：唱歌——排队等着试唱歌曲——邓世昌

10. 民族风情：奖杯——成功了——郑成功

"好了！"恩说，"现在你能轻松地回忆出这10个民族英雄了吧？"

"是的，不过为什么要用这种方法呢？"小克不解地问，"我感觉如果只是为了记忆这10个民族英雄的话，绕了好大一个圈子啊！还不如直接记忆来得快。"

"那是因为你还不熟悉这种方法。"恩说，"如果让我来记忆的话，只需要看一遍材料就搞定了，能比你机械地记忆快5～20倍！"

"吹牛不带上税的吧？！"

"你可以来收税，"恩说，"不服走着瞧！"

重玩游戏

又是一个周五，恩决定带着小克去体验一些其他的东西。

"你今天这是打算带我去哪儿？"小克问。

"今天我带你去体验一下记忆的三种模式。"

"什么模式？"

"你明白了记忆的原理，就明白为什么要用那些奇怪的方法记东西了。"

"你直接教我怎么记不就得了，怎么还要学这些无聊的知识？"

"一点也不无聊！"

说完，两个少年骑上单车出发了。

恩加快了骑车的速度，小克赶紧跟了上来。

恩带领小克来到的第一个地方实在让小克不喜欢。这是一个广场，大爷大妈们正跳着广场舞，音乐的声音太大了。

"你不会是让我来学跳广场舞吧？"小克不解地问。

"不是，我是让你来听歌的。"

"听什么歌？"

"音箱里播什么你就听什么。"

"这些歌我听过无数次啦"

"那你能完整地记下歌词吗？"

"这个……"小克没什么把握。

"现在，你可以玩手机或者看漫画书，但是不允许戴耳机，10分钟后你看会有什么效果。"

"这个条件可以接受！"

很巧，广场上的音乐变了，这是首节奏很熟悉但是不太常听的新歌，有点儿像中国早期的民歌。小克对这种类型的歌曲根本没有兴趣，反正恩说可以玩手机，于是小克开始在手机上玩消消乐。

玩了两局，小克感觉战绩很差，就干脆把手机收了起来。

音乐停了，恩问："怎么样，能记住多少？"

"记什么？"

"歌词啊，刚才不是说让你记歌词吗？"

"你不是说我可以玩手机吗？我只顾玩手机了，哪有记啊？！"

"哈哈，"恩神秘地笑笑说，"我知道你没记，故意刺激你的。走吧！"

恩骑上自行车就走了，小克莫名其妙地赶紧跟了上去。

他们来到了一家冷饮店，旁边的店是新开的，正在用音箱大声播放着开业广告："同样的价格比质量，同样的质量比服务。让你买着放心，用着舒心，看着称心……"

小克此时已经累得满头大汗，上气不接下气了，完全没有去注意这家新店。

俩人各自点了冷饮，在店里坐着一边喝，一边聊天。

　　20分钟后，恩站起来说："准备撤了，给你最后一个任务。你认真听一遍旁边这家商店的广告词，看你听一遍能记住多少。"

　　"记这干吗？"

　　"想学就赶紧的，不要那么多废话！"恩说完，又神秘地笑了笑。

　　大约2分钟后，恩和小克骑车离开了冷饮店。随着他们离冷饮店越来越远，音箱里播放的广告声也越来越小，还勉强能听得见。恩说："你现在试着背诵一下广告词！"

　　小克开始试着背出这段广告词，他发现自己居然可以轻松地把这段广告词一字不错地背下来，于是奇怪地问恩："天哪，我是怎么记住的？我可是只听了一遍啊！"

　　"可是我们在喝冷饮的时候，你的耳朵听了可不止10遍啊！"

　　"这也管用？"

　　"其实，这就是记忆模式的第一种，叫作**声音记忆**，也就是我们平常所说的机械记忆，或死记硬背。"

　　"可是我没死记硬背啊，怎么记住的呢？"

　　"这种记忆更多的是靠耳朵。只要重复听一定的次数，自然就会记住内容。不管是复杂的定理、优美的诗词还是醉人的音乐，或者是神奇的佛经等。"

　　"听不懂也能记住？"

　　"是的。就像三岁小孩子背《三字经》一样，不需要懂，只需要听就能记下来。"

　　小克想起来童年时期的一件事。那时候他还在上小学，假期里，学校要求他们全文背诵《三字经》。小克从小就不喜欢背东西，所以对这项任务一拖再拖。后来没办法，在妈妈的逼迫下，他开始一句一句地背，可是进展缓慢。

　　那段时间，小克的小姨因为工作忙，就把妹妹放到小克家让大玲帮忙看着。那一年，妹妹只有3岁，小克8岁。小克一遍遍地读《三字经》，每四句一顿。

　　"子不学，非所宜。幼不学，老何为。"

　　"子不学，非所宜。幼不学，老何为。"

　　"子不学，非所宜。幼不学，老何为。"

　　"子不学，非所宜。幼不学，老何为。"

　　小克就这样一遍一遍地念，但是注意力早就跑了，3岁的妹妹正在旁边自己搭积木玩。虽然对于小克来说，这是个很幼稚的游戏，但是也比这枯燥的背诵要有意思得多。

"子不学，非所宜。幼不学，老何为。"

"子不学，非所宜。幼不学，老何为。"

"子不学，非所宜。幼不学，老何为。"

……

"好了，都背这么多遍了，该合上书背一遍试试了。"大玲在旁边喊道。

"子不学，非所宜……"小克卡住了。

"子不学，非所宜，然后是……"还是卡着背不出来。

"子不学，非所宜……"这时候，旁边3岁的妹妹突然接了下句："幼不学，老何为。"

小克无地自容，而3岁的妹妹却像这事根本没有发生过一样，继续玩她的积木。

小克把这件事讲给恩听，恩听完后说：

"虽然她听不懂，也不明白这几句词的意思，但是因为你在她耳边不停地重复，她很自然地就记了下来。这个现象有个更高大上的说法叫**潜意识学习**。具体我也给你解释不明白，你只要知道这是在毫不知情的情况下记住的就是了。"

"这也太神奇了吧！如果所有的课程都能这样记忆就好了！"

"这个想法很好，不过不太现实，我们还需要借助另外的两种记忆模式才能更好地提高记忆效率。"

"啊，还有两种！这也太复杂了吧！"

第二天，恩决定带小克玩一个很有意思的智力游戏。

他们来到一家智力玩具店。恩和这里老板混得很熟了，他甚至教会了老板的儿子还原魔方，所以，他经常跑到这家店来见识一些新的智力玩具，老板也由着他玩。

恩教小克玩了个比较简单，但是逻辑性比较强的"九连环"。小克在这方面还算表现不错，基本上轻轻一点就能上路，玩起来还算是得心应手。

"你知道为什么这么复杂的套路你也能记住吗？"恩问。

"这根本就不用记，只要摸清规律就行了，还需要记吗？"

"这也是记忆的一种模式！"

"这叫什么模式？"

"逻辑记忆。"

第三天，恩决定带着小克去玩沙盘。

恩首先介绍道："这里有两个沙盘，我们各用一个，然后在上面构建自己的家园。构建的时候，模型尽量不要使用太多，否则一会儿我们记忆的时候会乱。构建完成后，我们交换进行记忆，然后再交换进行复原。我们把模型控制在10种以内吧。"

"这能记住吗？"

"无所谓，我们是体验加训练，不是非要记住。"

"那行！"小克立即一脸轻松的样子。

不到5分钟，两人分别建好了自己的沙盘。恩说："好了吗？再看一下自己设计的沙盘，看看还有没有需要修改的地方，接下来就要交换场地记忆对方的沙盘了。"

"好，我再看看……这里再加一辆车！"

俩人交换场地，都觉得对方设计的沙盘很"幼稚"，于是相对哈哈一笑。

"开始记忆吧！"恩说。

小克一边用手一个个地指着恩建的沙盘上的元素，一边念念有词。而恩只是

静静地看着。

"我们现在可以把对方的沙盘毁了！"恩说。

"这么快！"

"这需要很久吗？"恩故作潇洒地说，"好，再给你10秒。"

"10、9、8、7……"恩一边倒数10个数，一边把小克刚才建造的沙盘上的模型全部拿走，然后轻轻地将沙盘整平。

"时间到！"恩说完，也跑到小克那边，把自己建造的沙盘给弄乱了。

小克抓在手里的模型还没放下，就准备开始按记忆恢复沙盘的样子。没想到，这时候恩又增加了难度。

"我们俩现在先把刚才自己建的那个沙盘复原出来！"

"这太难啦！你怎么不按套路出牌？！"

恩嘿嘿一笑，轻轻拍了拍小克的肩膀说："执行命令吧！"

不到2分钟，两人都复原了沙盘。然后，两人交换着审视了一番。恩看了看小克的作品，除了个别模型的方位和方向稍有变动，基本上恢复了原来的样子。

小克也赶紧趁这个机会，跑到恩的沙盘上去再复习自己刚才记忆的内容。

"没问题了吧？"小克问恩。还没等回答，小克就急忙说："那我可破坏了啊！"说完就把恩的沙盘一顿破坏。

恩不答话，只是在旁边笑，等小克把沙盘上的沙子整理平整了，恩才慢悠悠地说："训练结束！回家！"

"不是还要复原刚才记的对方的沙盘吗？"

"不用了，那只是训练的干扰。走了，肚子饿了。撤！"

"原来你是真耍我啊？！"

路上，恩给小克认真地解释这一切。

图像记忆是三种记忆模式中速度最快，也是记忆最牢固的一种。用沙盘作为记忆材料，是因为沙盘可以组合出很多种图像，灵活多变。如果不动手，只是记忆一个已经构建好的沙盘，一样可以在短时间内记清每一个模型的位置。但这种记忆会在一段时间后消失，除非对这段记忆的内容不断地进行重复。在自己动手构建一个沙盘模型的过程中，除了图像的记忆，我们还加入了大量的情绪和肢体动作。对某个模型的喜好、在放置模型时手对模型的触摸和在沙子上放置的感受等，都可以帮助我们记忆。所以当我们亲自搭建完一个沙盘模型后，不需要复习，就可轻松记下每个模型的位置和方向。

在记忆他人构建的沙盘的时候，我们完全是靠图像记忆。我们在后面的训练中还要反复用到这种记忆，而在今天的这个训练中，它只是用来干扰我们对自己构建的沙盘的记忆。事实证明，自己内心选择并亲自动手做过的东西，基本上不受外界信息的干扰。

总结：人的大脑有三种记忆模式（声音记忆、逻辑记忆、图像记忆），记忆速度最快而且最牢固的就是图像记忆。当然还有更牢固的甚至终生难忘的就是情绪的记忆，但是情绪记忆很难单独作为一种模式来应用到记忆术中。所以，目前国内所有记忆力训练机构都是以图像记忆模式为基础来进行记忆的提升训练的。

"现在三种记忆模式你都亲自体验过了，"恩问小克，"你认为什么样的记忆模式是最高效的？我们以后应该用哪种记忆模式来应对各门功课里面的知识呢？"

"那肯定是图像记忆模式！"小克胸有成竹地说。

"哈哈，我挖个坑你就往里跳。"

"什么意思，你不是刚说了吗？"

"错了，你中计了！"恩哈哈大笑。

"你什么意思呀？"小克一脸茫然。

"当年老师问我的时候我也掉坑里了！"

"那最好的记忆模式到底是什么？"

"哈哈哈哈！原来每个人都会中计。"

初次体验

跟着恩学习几天后，小克进步很大，至少现在能静下心来认真踏实地跟着恩学了，虽然成效还不是特别明显，但不像以前那么浮躁了。大玲告诉林子，小克现在自己一个人在家里也能安静地做假期作业了。

这天午休过后，恩给小克打电话，说在学校旁边的那个小花园里等他。小花园里很安静，恩觉得这是个不错的学习环境。

"今天我们开始练习大脑对图像的把握能力。"恩说，"我们先训练一项很简单，但非常重要的图像基本功。"

"什么基本功？"

"**图像感！**"

"那是什么？难道和足球教练天天说的球感，英语老师天天讲的语感是一个意思吗？"

"可以这么理解，它是大脑对图像的把握能力。"

"哦，这个怎么训练？"

恩拿出一张纸和一支笔，递给小克，说："你现在随意在上面写出20样东西！"

"什么东西都行吗？"

"是的，只要你知道它长什么样子就可以。"

小克坏笑了一下，然后很快在纸上写下了20样东西。

大树	云彩	铅笔	白纸	眼睛
鞋子	米饭	叶子	汽车	足球
太阳	眼镜	腰带	手枪	姑娘
帽子	老师	水杯	书包	恩

恩接过来，快速地看了一遍，对于小克的恶作剧只是一笑了之，然后说："现在你把这些东西记下来。"

"要按顺序记住吗？"

"是的。"

"有时限吗？"

"我已经记完了！"

"什么？！"小克不敢相信自己的耳朵。刚才恩拿过去连1分钟也不到，居然说自己已经记完了。

"吹牛！"

"吹牛也需要有资本才行！"说完，恩不再说话，闭上眼睛，静静地回忆刚才记忆的图像。然后，他很快按照顺序将这20样东西一字不错地背了出来。

"我服了！这到底是怎么做到的？"

"图像感训练最简单实用的方法就是训练**串联联想**，通过串联的方式把一些原来没有关系的图像串在一起。比如，刚才的20样东西，它们原来是没有任何联系的，但通过想象，我让它们相互发生作用，构建出一条串联在一起的图像链。

"这个训练包括两部分：**一是图像的清晰度，二是图像的牢固度**。先不去管这两个概念是什么意思，我们先来把图像构建起来，体验一下感觉。

"我们需要做两样工作。第一样工作是想象出这个东西的样子，也就是它的形象，包括大小、形状、颜色、特征等。形象越具体，图像就越清晰。比如，第一个单词'大树'，世界上有各种各样的树，我们要想象具体是棵什么树，树干什么样子，树冠什么样子，叶子什么样子，上面有没有花，有没有果实。我们还要想到树是不是正在风中摇曳，树叶是不是被风吹得嗖嗖直响。这些就是细节，这些细节想象得越清楚，图像的清晰度就越高。

　　"有时候，我们还可以把某样东西卡通化、拟人化。比如，我们可以把云彩想象成一个长了嘴巴和眼睛、会说话的、飘来飘去的云朵，或者是你印象最深刻的某部电影或者动画片中的云彩的样子。

　　"我们要做的第二样工作，就是为两者构建关系，让两者发生关系。比如，让大树和云彩发生作用。"

　　"什么叫发生作用？"小克问。

　　"发生关系，就是创建一个图像，让两者能够联系在一起。比如，我们想象大树在飞快地长高，一直长到了云彩里。我们能看到云彩环绕着大树的景象。想象的时候，就从一棵大树开始，然后慢慢看清大树的样子，这是棵什么树？树干是什么样的，树叶是什么样的？即使你想象的是一棵矮小的苹果树或者桃树，也不妨碍它在你的脑海中长大、长高。长高的过程要快，一瞬间就长到云彩里了。你甚至可以想象树在冲破云彩时，云彩被击碎、打散的画面。云彩的上面露出一点点绿色的树冠，然后就是大片、大片的云彩环抱着你脑海中的这棵树。你能在脑海中想出这样的画面吗？"

　　"没问题，已经是一个很清晰的画面了。"

　　"好，那我们继续！当这个画面在大脑中已经非常清晰之后，我们开始第二个两两串联，就是用云彩和铅笔来构建一个图像。"

　　"云彩不是已经串联过了吗？应该是铅笔和白纸吧？"

　　"不，那样后期我们就没法让云彩和铅笔再发生关系了。我们要一个接一个地串联下去才行！"

　　"刚才在我们脑海中停留的画面是大树的树冠被云彩包围着。这时候我们把注意力放在这些白白的、绵软的云彩上，然后想象着云彩突然有一些卷动，一根硕大的铅笔从里面慢慢伸了出来，就像孙悟空的金箍棒。这时候你可以把注意力放到这支铅笔上。当它从云彩中钻出来的时候，笔尖向上——被削得尖尖的、整齐的笔尖。

"要敢于发挥自己的想象力，不要拘泥于现实，比如，刚才的树可以瞬间长到云彩的高度，同样，这支铅笔也可以像刚才的那棵树一样粗，这样，脑海中的图像就会非常生动和牢固了。

"我们继续，这支铅笔随着云彩的卷动继续上升，我们已经清楚地看到铅笔的颜色和形状了。这是支什么颜色的笔？横截面是圆形还是六方形？是2B还是3H？不要忘记想象细节。

"当然，铅笔上升的时候带动着云层卷动的那种感觉也要想象出来，这很重要。因为这是和前面的那个元素（云彩）发生关系的最关键的纽带。"

"大树冲破了云彩，云彩里长出了铅笔。"小克闭着眼睛，认真地想象着说，"我想这两组图像已经很清晰了。"

"很好，那我们就用同样的原理把后面所有的词语都串联起来。"

【注】读到这里，请读者翻回前面，自己先尝试着把这20个单词串联在一起。因为只有经过亲自体验以后，才会知道自己在处理图像串联的过程中问题出在哪里。如果只是按我已经串联好的图像去想象，很难训练出自己对图像的掌控能力。

切记，一定要先亲自去做！否则就不要阅读下面的内容。

接下来，我将向你传授私藏多年的图像训练方法：镜头法。

"怎么样？"恩问，"能顺利地回忆出这20个图像吗？"

"有点难度，中间总是断线。"

"刚开始训练，断线很正常。"恩说，"你把你串联的图像说来听听！"

小克串联的图像：

大树冲破云彩，云彩里升起铅笔，铅笔在纸上画画，画了一只眼睛，然后折叠了几下放进鞋子，鞋子里面倒出了米饭，用叶子把米饭包起来，扔到汽车上，汽车碰了足球，足球变成了太阳，太阳光照到了眼镜上，眼镜看着腰带，腰带上别着手枪，手枪射伤了姑娘，姑娘脱下帽子交给老师，老师接过帽子去擦自己的水杯，然后把帽子放进书包，书包被你背走了。

恩不在意小克的一脸坏笑，说："你现在试着回忆一遍，看能回忆出来吗？"

小克开始闭上眼睛回忆，一边说一边用手指头计数，可总是在回忆到某个物品的时候就卡住了。他还会丢东西，怎么数也少一个或者两个。

"图像串联的**原则**是两两发生关系，但是不允许有第三者参与！"

"怎么听起来这么像谈恋爱，"小克乐得哈哈笑，"不能有第三者？！哈哈！"

恩说："认真点，这个很关键。在图像串联时，所谓两两发生关系，就是某个图像只和它相邻的图像发生关系。比如，人、馒头、狗，我们串联出来的图像应该是'人拿着馒头，用馒头去打狗'，而不是应该是'人拿着馒头，牵着狗'。"

"这有什么区别吗？"小克问，"我觉得这两个图像都很清晰啊！"

"如果我们要串联出很长的一串图像，后一种串联方式就会出问题。"

"为什么呢？"

"人和狗是不能发生关系的，发生关系的是人和馒头、馒头和狗。如果我们想象人牵着狗，那么在后期回忆的时候，就很有可能把馒头这个图像丢失。"

"哦，这样一说，我似乎有些明白了。"小克点点头。

"那你现在来回忆一下你刚才串联的图像中有没有类似的情况。"

大树冲破云彩，云彩里升起铅笔，铅笔在纸上画画，画了一只眼睛，然后折叠了几下放进鞋子，鞋子里面倒出了米饭，用叶子把米饭包起来，扔到汽车上，汽车碰了足球，足球变成了太阳，太阳光照到了眼镜上，眼镜看着腰带，腰带上别着手枪，手枪射伤了姑娘，姑娘脱下帽子交给老师，老师用帽子去擦水杯，然后把帽子放进书包，书包被你背走了。

"问题一：铅笔在纸上画眼睛，然后折叠放进鞋子。（放进鞋子的应该是眼睛而不是纸。）

"问题二：用叶子把米饭包起来，扔到汽车上。（砸中汽车的是叶子包，在倒着回忆的时候，很容易把叶子里面包的是什么东西忘了。）

"问题三：老师用帽子擦拭水杯，然后装进书包。（帽子前面是姑娘，后面是老师。帽子不应该和水杯发生关系，更不应该把帽子装进书包。）

"问题四：足球变成了太阳。（在串联的时候尽量不要用'什么变成什么'，除非'变'的过程非常形象。）"

"虽然你讲得很有道理，但是我觉得如果多复习几遍仍然能回忆起所有的图像。"小克有些不服气地说。

"如果你尝试倒着回忆一遍，问题就会出现了。"恩解释道，"现在仅仅是20个图像，如果我们串联的是200个图像呢？"

"我先倒着试一次！"小克闭上眼睛，开始倒着回忆刚才的图像元素。

"恩——书包——帽子——姑娘……"

"等等，你确定吗？"

"对啊，先是你，然后是书包，里面还有一顶帽子，哈哈哈哈！"

"你先别笑，帽子是哪儿来的？"

"姑娘从头上脱下来的。"

"姑娘哪儿来的？"

"被手枪打中的啊！"

"很好，"恩说，"你想想你现在丢掉了多少东西。"

"丢？没有吧？"小克不解地问。

"老师呢？杯子呢？"

"哦，对了。"小克这才意识到丢了，"为什么会这样？我明明记得很清楚啊？！"

"现在服了？"恩用命令的语气说，"按我刚才讲的原则，重新调整一下你的图像。"

小克撇了下嘴，没再说话，开始重新调整自己的图像。

大树冲破云彩，云彩里升起铅笔，铅笔在纸上画了一只眼睛，眼睛眨了几下，从里面飞出来一只鞋子，鞋子里面倒出了米饭，米饭里面钻出一片叶子，叶子落到汽车上，汽车碰了足球，足球飞向了太阳，太阳光上面掉下来好多眼镜，眼镜都砸到腰带上，腰带上别着一把手枪，手枪射伤了姑娘，姑娘脱下了帽子交给老师，老师接过帽子后，把自己的水杯放进书包，书包被你背走了。

"这次的图像串联，元素之间的关系很清楚了！"恩说，"但是为了让图像更加清晰，印象更加深刻，我们有时候需要夸大一些效果。"

"怎么夸大？"

"图像记忆的不二法门，"恩一字一顿地说，"就是**头脑中无所不能**。"

"什么意思？"

"在串联的时候，我们除了可以把一些物品卡通化，比如，手机可以长出胳膊拿东西、桌子可以走路，还可以任意地改变物品的大小和属性。我们可以想象用鸡蛋把石头砸碎，打破'拿着鸡蛋碰石头'的定论。我们可以把房子、飞机、轮船装进上衣的口袋，也可以把一只蚂蚁放大到能占满整个操场，等等。所有这些在现实中不可能出现的情景，都可以在大脑中实现。

"总之，只要我们构建出来的图像能够帮助我们牢固记住、清晰回忆，这就够了。正所谓：**有效果比有道理更重要。**

"好，我们现在需要来活动一下大脑了。"

"这还没活动吗？"小克很不情愿地说，"我的大脑都快爆炸了！"

"刚才是热身，现在需要大脑高速地运转了。先把刚才构建的图像回忆一遍。"

大树冲破云彩，云彩里升起铅笔，铅笔在纸上画了一只眼睛，眼睛眨了几下，从里面飞出来一只鞋子，鞋子里面倒出了米饭，米饭里面钻出一片叶子，叶子落到汽车上，汽车碰了足球，足球飞向了太阳，太阳光上面掉下来好多眼镜，眼镜都砸到腰带上，腰带上别着一把手枪，手枪射伤了姑娘，姑娘脱下了帽子交给老师，老师接过帽子后，把自己的水杯放进书包，书包被你背走了。

"加快速度！"

大树冲破云彩，升起铅笔，在纸上画眼睛，眼睛里飞出鞋子，鞋子里倒出米饭，米饭里钻出叶子，叶子落到汽车上，汽车碰足球，足球飞向太阳，太阳上掉下眼镜，眼镜砸腰带，腰带上别着手枪，手枪射姑娘，姑娘脱帽子，交给老师，老师把水杯放进书包，书包被你背走。

"再快一点！"

大树冲破云彩，升起铅笔，在纸上画眼睛，飞出鞋子，倒出米饭，钻出叶子，落到汽车，碰足球，飞向太阳，掉下眼镜，砸腰带，别着手枪，射姑娘，脱帽子，交给老师，拿水杯，放书包，被你背走。

"更快、更快！"

大树冲破云彩，升铅笔，纸，画眼睛，飞鞋子，倒米饭，钻叶子，落汽车，碰足球，飞太阳，掉眼镜，砸腰带，别手枪，射姑娘，脱帽子，交老师，拿水杯，放书包，你背走。

"最终速度：在大脑中过一遍所有图像元素的时间是3～5秒。"

大树	云彩	铅笔	白纸	眼睛
鞋子	米饭	叶子	汽车	足球
太阳	眼镜	腰带	手枪	姑娘
帽子	老师	水杯	书包	恩

"太疯狂了！"小克说。

"习惯就好了，这是图像记忆的基础。坚持这样的训练，后面才能适应更复杂、更快速的图像记忆。"

再说编码

大玲已经在这里唠叨了一个多小时了。林子突然觉得大玲特别可怜，便也萌生出些许的同情。林子似乎从大玲的身上看到了一年前的那个自己，那个恨铁不成钢的自己。

林子只是静静地听着，不时地给大玲面前的杯子里续上水。林子十分清楚，此时如果顺着大玲说，只会让她的情绪更加烦躁；如果逆着她说，会让她觉得自己站着说话不腰疼。

"下学期学校有个记圆周率大赛，你想不想让小克参加啊？"林子找了个合适的时机岔开了话题。

"参加那玩意儿有什么用？还是让他先把学习搞好再说吧！"

"那你有什么办法能让他一下子就把学习成绩提上去吗？"

"要是有，我就不这么愁了！"

"所以呀，学习的事是急不来的，得慢慢来。"林子说，"我们恩用了一年的时间才提高到第17名，如果我总想着他啥时候能考第一名，你觉得有用吗？"

"我们小克要是能考到你们家恩的成绩，我就谢天谢地了！"

"你别这么说，真要有那么一天，你就不知足了，你会奢望更好、更多！"

"我绝对知足！再说了，不用说班里第一名，我到现在也没指望他能考到班里前十名去！"

"既然这样，你还痛苦什么？"林子反问道，"你应该为他的点滴进步感到高兴才对。"

"唉……"

一段尴尬的沉默，林子也不说话，让大玲和自己斗争一会儿吧。

过了几分钟，林子又提起话头："我准备让恩去参加圆周率大赛，你让小克跟着一块儿参加吧，就当玩了。顺便让恩教教小克怎么记东西。"

"为什么非得拿圆周率来比赛，记课文、单词、公式，不比这个好吗？"

"你说得很有道理！"林子先肯定大玲的观点，然后说，"可是参赛者年龄不同、基础不同，记忆常识性内容必然会有失公平，而记圆周率，不涉及知识基础，不涉及理解，不管是一年级学生还是九年级学生都一样，不受其他知识的影响。"

"这倒是，但是这种比赛对学生有什么用？难道就只是为了比赛而比赛？"

大玲问。

"当然不是。"林子解释道，"记圆周率是需要很多技巧的，比的不仅是记得快，还要记得准、记得久。现在很多的记忆力大赛都比这个。当然，他们比的不是记圆周率，而是记无规律数字。"

"林子，听你这意思，恩很有希望拿冠军啊！"

"拿了冠军我当然高兴，拿不了也无所谓，我只是希望他能通过这个机会锻炼一下自己的记忆能力。"

"那我们家小克去还不垫底儿啊？！"

"怎么会？离比赛还有一两个月呢！"林子说，"再说了，让两个孩子一块儿参加，他们训练着也有劲头啊！"

"你觉得这个比赛会怎么比？"小克问。

"如果遵守国际惯例，一般是两种形式：一是不限时间，看谁记得多；二是同样的时间看谁记得最多。"

"可我现在连20位也记不住。"小克说，"不明白我妈为什么非要让我参加这个比赛。"

"是我妈让你陪我，你就牺牲一回，当一次绿叶吧！"

"全校那么多绿叶，就差我这一个？"

"关键是你得陪练啊！"恩说完哈哈一笑。

"冠军肯定是你的！"小克很不情愿地说，"瞧你现在就美成这样。你自己练吧，我只陪不练！"

"好啊！随你！"恩说，"不过，数字的记忆可是记忆大师的必修课啊！"

"你的意思是我有记忆大师的潜质？"

"对啊，这点你比我强。"恩说。

"为什么？"

"好多记忆大师都是因为小时候记忆力不好才去学的记忆术，后来才成为记忆大师的。"

"你的意思是我天生记忆力不好啦？"小克说。

"这可是你自己说的啊！"恩不再解释，任凭小克自己在那里作思想斗争。

"你说如果想要拿冠军的话，得记住多少位才有希望？"小克问。

"我的计划是保5000冲10000。"恩说。

"什么意思？"

"就是至少要记5000位。"

"5000位？！"小克瞪大双眼说，"别吹牛了，能记500位就十分惊人了。"

"那是你不了解！"恩说，"目前国内已经有人记到了超过68000位。据说乌克兰有位医生已经成功记完了500万位。"

"绝对是吹牛，怎么可能？！一堆数字，在脑子里早就成糨糊了。"

"你别不信，我能让你3天时间成功记完500位。"

"吹吧。"小克不服气地说，"行，你能让我记住500位，我就自己再记1000位。"

"一言为定！"

"一言为定！"

"什么是编码系统？"小克问。

"编码就是把毫无意义的信息按规律转换成好记的、熟悉的、有意义的信息。"

"听不懂。"

"比如，我们现在记圆周率，这一堆数字就是没有任何规律可言的。想要记住，就要把数字转换成我们熟悉的东西，这就是编码。"

"我记得以前看过一种方法，就是把圆周率编成一个故事。"

"故事？"

"我想想啊！"小克稍加回忆，"大体是下面这样的。"

山巅一寺一壶酒（3.14159），

尔乐苦煞吾（26535），

把酒吃（897），酒杀尔（932），

杀不死（384），邋尔邋死（6264），

扇扇刮（338），扇耳吃酒（3279）。

"后面的记不清了！"小克摇摇头说。

"这已经很不错了！"恩称赞道。

"可是这连50位也不到啊。而且我感觉这种记法也不简单，多少年人们才编出这么几句。"小克无奈地说，"不用说5000位，就是编出500位的故事来，也

成文学大师了。"

"是的。"恩说，"所以我们要采用新的方法，就是编码系统。"

"别卖关子了，赶紧说什么是编码系统！"

"别急，我也先让你听听我脑子里的圆周率的故事。"

一把金钥匙划开鹦鹉的肚子，里面掉出来篮球，篮球砸中了大鼓，大鼓破了，里面掉出来香烟。香烟落到芭蕉扇上，芭蕉扇挥动时刺破了气球，气球里钻出仙鹤，仙鹤落到沙发上。沙发上有块肉，肉上长出一棵柳树，柳树倒了砸到雪山，雪山上滑下一个大沙发，沙发撞到了仙鹤，仙鹤飞起来钻进气球。

气球中掉出一杆五环旗，五环旗拂过水面使荷花全开了，荷花中间放着84消毒液。用消毒液把斧头冲洗干净，去砍一条金鱼。金鱼疼得去咬辣椒，辣椒里流出好多999感冒冲剂的颗粒。颗粒掉到一个湿乎乎的救生圈上，黏糊糊地向前滚，撞倒了一座积木城堡。从城堡中飞出来一个棒球，击中一个大苦瓜。苦瓜裂开，里面挤出一只笨鸭子。

鸭子奔跑的时候撞倒了酒器，从酒器中滚出来雪球，雪球碎了，从里面跳出来一只狮子。狮子跳了起来，脑袋撞到了空中飘着的一个巨大的五角星。五角星上盘腿坐着一个和尚，手里拿着镰刀，在拼命地砍一只超大的蚂蚁。蚂蚁的头掉下来，砸中了一个大螺丝，螺丝上面拴着一只银色的哨子，哨子吐出一排荷花，荷花围成了一个圈，中间有一头小毛驴。毛驴的脖子上挂着一个很大的葫芦，从中倒出一大杯啤酒。

一位八路军端起啤酒一饮而尽，然后打了个饱嗝儿，吐出一朵莲花（荷花），它掉到了一个弹簧上，把弹簧砸碎了，变成了一堆飘落的雪花。雪花飘落到二胡上，二胡使劲朝一块石头上磕，结果把石头磕裂了，从里面钻出来一只鳄鱼，爬出来就去咬长颈鹿的脖子。长颈鹿疼得拼命吹嘴里的哨子求援，这时候一堆气球冲着哨子飞了过来……

"这都什么乱七八糟的？"小克皱着眉头说，"这哪是什么故事啊？！"

"你忘了，我前面说过，图像记忆的重点是图像而不是情节。"

"好像是，串联训练的时候好像提过这个观点。"

"因为图像在大脑中的记忆要比故事情节牢固得多。"

"是啊，不过这与圆周率有什么关系呢？"

"这就是用数字编码记忆的圆周率啊！"

"没听懂。"

"数字编码是编码系统的一种。就是把数字统一转换成一个固定的图像。按照国内的惯例，我们采用的是两位编码机制，就是把所有的两位数都统一制定一套编码系统。"

【注】至于为什么不用三位数或者更多位来制作编码系统，本书前文有所解释。

"两位数一共有00，01，02，…，98，99，共计100个。我们给每一个两位数固定一个图像，这样在记忆数字的时候，只需要记住对应的图像就可以了。"

"这似乎是额外增加了一些工作量啊？"小克问。

"刚开始的时候是这样，"恩说，"但是我们熟悉这100个数字编码要不了多长时间，基本上三天时间就能非常熟悉了。"

"可是记住这些，除了背圆周率和毫无意义的数字没什么用了啊！"

"错！"恩说，"我们可以用这种方法来记别人的电话号码、记银行卡号、记身份证号，甚至可以用来记历史课本中的年份日期、地理书中的距离、人口数、产量等。这么说吧，凡是和数字有关系的东西，我们都可以用这套编码来搞定。"

"有这么神奇吗？"小克有些不相信地问。

"不仅如此，我们还可以用数字编码来当桩子，用它们来记化学元素周期表、《千字文》《百家姓》，甚至英文单词。"

"我怎么感觉有些吹牛的成分呢？！"

"能把牛吹上天也是一种能力啊！"

"没正形，赶紧！"小克笑了笑说，"怎么能快速记住这100个数字编码呢？"

"那我们就要先了解一下编码的原则。"

数字编码的原则

1.形似。就是有些两位数写出来的形状非常像某样东西。

比如：

11就像一双筷子——两个1，两根小木棍。

10就像是棒球——1是棒，0是球。

00就像是眼镜——两个圆圈。

69就像是太极——太极图就是两条首尾相接的鱼。

……

2.谐音。就是两位数字的发音非常像某样东西。

比如：

14就像是钥匙。

79就像是气球。

67就像是楼梯。

78就像是西瓜。

……

3.特殊意义。就是这个数字对记忆者来说有特殊的意义。

比如：

97就是一张奖状。因为我第一次考全班第一，成绩是97分。

61就是一辆山地车。因为那一年六一儿童节的时候，老妈送我的礼物是一辆山地车。

……

"了解完编码的原则，我们就可以来制订属于自己的数字编码了。"恩说。

"数字编码是唯一的吗？"小克问，"有没有现成的编码表拿来用啊！"

"现成的编码表有很多，但是不一定适合每一个人用。"恩说，"所以，最好还是按照自己的理解和习惯来设计一套属于自己的编码系统。"

说着，恩拿出一张数字编码表交给小克，说："这是一张目前国内很多大师和高手推荐的数字编码表，你可以参考一下。"

国内大部分记忆大师常用的110个数字编码参考表（见附录一）

作者自用的110个数字编码及扑克编码表（见附录二）

【注】读者可能看不懂某些编码，因为它们既不是谐音，也不是形似，但是目前国内有很多人在用。原因是第一个把这种方法带到中国的记忆大师是广东人，所以很多的编码是广东方言（粤语）发音的谐音。比如：23—和尚、48—雪花、49—雪球。如果读者觉得不能理解，可以自行更换。

"怎么会是110个？"小克问，"不是正好100个吗？"

"这里多了0～9这10个编码，就是个位数的数字编码。"恩解释道，"方便我们在记忆一些一位数、三位数、五位数等这种数字信息的时候使用。"

"哦，明白了！"小克说，"我是不是直接从这里面挑着用就可以了？"

"当然。"恩又递给小克一张空表说，"你现在可以按照自己的理解和习惯，把属于你的数字编码填到这张空白的表格里了。"

小克看着自己填好的编码表傻笑，似乎拥有了一张难得的藏宝图一样。恩看出了小克的心思，说："别傻乐了，千万不要觉得有了这张表就万事大吉了！用最短的时间把这张表记到脑子里才是当下要做的最重要的事。"

"我知道！"小克很不服气地说，"我很快就能记下来，你老人家就不用操心了，哈哈！"

"你不知道！"恩说，"我说的记住和你说的记住不是一个概念。"

"记住就记住，哪有那么多的区别？"

"我们要求做到的是看到数字到脑子里反应出图像的时间达到秒级！"

"数字反应图像是什么意思？"

"我就说吧，你的理解还停留在简单地记住名称这个层面。"

"少在我面前装大尾巴狼，赶紧的！"

"数字编码的重点不是文字。比如，14的编码是钥匙，我们在记忆数字编码的时候，不是反复强调'钥匙'这两个字，因为这种记忆是停留在文字，也可以说是声音记忆的层面。我们要记忆的是'钥匙'对应的图像，也就是说，我们每次看到14这个数字的时候，要快速地在大脑中反应出'钥匙'的图像。

"钥匙是什么样的？是一把还是一串？是银白还是金黄？是单面锯齿还是双面锯齿，或者是更高级的那种？这些信息都要有。

"我们每看到一个数字，就要在脑海中反应出这个数字对应的图像，这个图像甚至可以没有名字，只要图像在脑海中出现就可以了。

"比如，我在给41这个数字定编码时用的是'丝衣'，但是随着图像在大脑中不断优化，编码的图像在脑海中就变成了一块红色的非常柔软的皱皱巴巴的布。这时候这块布究竟叫什么不重要，只要脑海中的图像清楚就足够了。"

"有什么办法能让每个编码的图像都非常清楚呢？"小克问。

"我有个方法你可以尝试一下。"恩说。

到网络上去搜索相关的图像。比如，31的编码是"鲨鱼"，你就到网络上去搜索和"鲨鱼"有关的图像或视频，观察鲨鱼的特点，然后选定一张最能代表你心中鲨鱼形象的图片保存下来。经常拿出来看，有时间就看，不断强化大脑中鲨鱼的样子，这样图像就会越来越清晰。

"看来工作量还很大！"小克说。

"是的，这只是开始。数字编码使用一段时间后，还需要进一步优化。"恩说，"因为随着不断应用，你会发现有些数字编码并不适合你，有些数字编码之间会发生混淆。"

　　"是因为样子太像了？"

　　"是的。比如，苦瓜和萝卜，丝衣和国旗，各种花、各种鸟、各种水果，等等。颜色和形状很接近的编码都会发生混淆。"

　　"那怎么办？重新换？"

　　"一是重新换；二是编码不换，但是重新定义编码的特征。"

　　"不懂。"

　　"比如，鸽子、仙鹤、鹦鹉这三个编码都是鸟的样子，我们就可以选取这三种鸟的特点来强化编码在大脑中的形象。"

　　鸽子：特点是展翅高飞，所以鸽子的特点是翅膀，在大脑中刻意地强化翅膀的样子。

　　仙鹤：特点是两条又细又长的腿，所以就在大脑中强化两条长腿的样子，而慢慢忽略掉其他的部分。

　　鹦鹉：特点是像钩子一样的嘴，所以就强化大脑中鹦鹉嘴的样子，把嘴在大脑中无限放大。

　　"也就是说，随着我们对编码的不断应用和优化，很多编码不再是一个完整的形象，而只是这件物品中最有代表性的一个部位。"

　　"看来要做的工作确实还有很多！"小克撇了撇嘴，叹了口气。

　　"加油吧！"恩过去拍了拍小克的肩膀。

　　【注】除了数字之外，还有拼音编码系统、英文字母和单词编码系统，数理化公式编码系统等。这些编码将会在后面的应用环节作详细的介绍。

神秘武器——宫殿记忆法的六种方法

　　假期已经过去十几天了。大玲很奇怪为什么儿子最近那么努力地在背那个圆周率，她还是认为这个比赛没有任何意义。但是看到儿子的努力，再加上林子的劝说，她也不好意思打击儿子的积极性。

　　"儿子啊，咱参加比赛没错，妈妈支持你，但是咱也不能因为这个耽误了功课啊！"大玲还是忍不住冲着儿子唠叨了几句。

"老妈，你就放心吧，我最差不就还给你考个倒数第一吗，你怕啥呀？！嘿嘿！"小克没正形地回了老妈一句，继续背圆周率。

小克按照恩教的方法，用纯串联的方式坚持每天背100位圆周率，目前已经熟练地掌握了1000位。当他成功地默写出1000位圆周率的时候，连他自己也不敢相信自己居然真的做到了。

背1000位无规律数字，对于以前的小克来说简直就是个神话，但是他现在居然真的做到了。小克暗自下定决心：下一目标2000位。

但是，他还有一堆假期作业要做，而这个圆周率的比赛将在开学后不久举行。到底应该先顾哪边，小克有些犹豫。他自己也有些不明白，要是在以前，他肯定不会把考试这样的事情放在眼里，因为考也白考，不是倒数第一就是倒数第二。就算为了一场和自己没有任何关系的足球比赛的电视直播，他也会把考试抛在脑后，而今天……

恩已经成功记完了2000位圆周率，他其实是无意在这次比赛中拿什么奖的，他只是想挑战一下现场记圆周率的那一个项目，其他的项目也就是陪着小克玩玩。

"小克啊，最近学习的效果如何？"

"阿姨，我感觉记圆周率还好，就是记课本上的知识，还是无从下手。"

"哦，不要着急，现在恩教你的这些都是基础，"林子说，"等他教会了你6种方法，你就知道怎么把很多的知识点转换成图像了。"

"6种方法？"

"对啊，不用着急，你需要学的东西还有很多，阿姨也只是知道一些皮毛。"林子安慰道，"你只管安心跟着恩慢慢地学就是了。"

"阿姨你怎么懂得这么多？是你教的恩，还是恩教的你？"

"我只是好奇为什么恩的成绩提高那么快，"林子说，"所以，我就自己翻看了恩的那本《超级记忆：破解记忆宫殿的秘密》，然后就了解了这种方法。"

"就看那一本书就掌握了这种方法？"

"孩子，看懂和掌握是两回事。"林子解释道，"看懂只需要几个小时就够了，而且这种方法凡是看过这本书的人基本上都能看懂，但是真正掌握这种方法的人却少之又少。"

"这是为什么呢？"

"因为大部分人都把这本书当小说看了，看完了就扔到一边，而且自己还在心理上产生了一种错觉。"

"错觉？"

"是的，很多人看完后就觉得自己已经学过宫殿记忆法，以为自己是记忆高手了，结果后来在实际应用的时候发现自己根本什么也做不了，还是以前的那个水平。"

"那为什么恩看完后就这么厉害呢？"

"区别就是恩按照书上的方法去训练、去应用了，而且是反复地训练和应用。"林子说，"你记得你们上小学的时候背诵《弟子规》，里面有这样一句话吗：不力行，但学文，长浮华，成何人？"

"有点印象，但是那时候不明白这句话是什么意思。"

"现在你应该明白了吧？再好的记忆方法，如果仅仅是停留在看懂的层面，那永远是别人的东西。要想让它成为自己的能力，一定要坚持按照这种方法去练、去用，这也是唯一的、最简单的办法。"

"那需要多久呢？"

"这个因人而异吧，有的人可能需要两个月，有的人可能需要半年甚至一年。"

"这么久？"小克说，"阿姨，你觉得我多久能掌握这些方法？"

"这个我还真的说不上来。"林子说，"不过我相信，你每天训练的时间越长，训练得越认真，你就会越早掌握这门技术。"

"我知道！"恩从厕所里出来，接过刚才的话题说，"Peter老师曾经说过，记忆术的掌握有个100小时定律。"

"100小时？这么快？"

"别高兴得太早。这个100小时定律是指100小时的有效训练时间。"

所谓100小时定律，就是从你开始学记忆法开始，真正地做到专心、认真、踏实训练的时间。

如果你每天只能静下心来学习半小时，那么你可能需要200天左右才能掌握宫殿记忆法。如果你每天早晚各拿出1小时来认真、刻苦地训练，那么你大约50天就能掌握基本的方法。

当然，在以前的集训营中，记忆宫殿的学员每天进行10～12小时的高强度训练，大部分的学员在一周左右的时间就能基本掌握这种方法，并达到简单应用的层次。

对于大部分人来说，一般可以做到每天拿出1～2小时来认真地练习、认真地训练。所以，记忆宫殿的大部分学员在两三个月内就能掌握这门技术，达到自由应用的水平。

"看来我需要3个月左右？"小克问。

"是啊，我们俩每天学习和训练的时间也就1小时左右。"恩说，"但是如果你回家后，还能坚持自己再训练1小时，你就可以把时间缩短到2个月，甚至更短。"

"好吧！"小克苦笑了一下，显然对回家一个人训练的事不太有信心。

"不用撇嘴！"恩说，"如果不想回家一个人训练的话，我们就赶紧开始吧。"

"只有6种方法吗？"小克问。

"这是6种最常用的。"恩说，"而且所谓的6种方法，只是将信息转换为图像的方法。"

"哦，是知识转图的方法？"

"可以这么理解吧。你看这张图，这就是记忆宫殿最经典的6种方法。"

"在记忆圆周率的训练中，我们已经学过串联法和编码法了。"恩说，"今天我们来看看谐音法和代替法。"

"另外两种呢？"小克问。

"你先认真听着！"

我们需要记忆的知识点，有些词语是具体词，比如，苹果、太阳、钢笔、毛线等。不管大小、粗细、形状，至少我们看到这个词语的时候，大脑中会自然地形成一个图像。虽然每个人大脑中的图像不同，比如，有的人想象中的苹果是个红红的苹果，有的人想象中的苹果是一部苹果手机，有的人想象中的苹果是一个被人咬了一半的、已经开始腐烂的苹果。不管这个苹果是什么样子，我们的脑海中会自然地出现一种苹果的形象。这样的单词就是具体词，我们不需要对其转换就可以直接形成图像。

而有些词语，我们看到它的时候，很难自然地大脑中形成图像，比如，"逻辑、虽然、形成"这样的单词。对于这样的单词，我们常用的处理方法有两种，一种是谐音法，另一种是代替法。

谐音法就是按照单词的发音类似的原则来转换图像的一种方法。比如，我们想办法找到一些和"逻辑"这个单词发音最相近的词语，如裸鸡、锣技、落机等，这样我们就很容易在大脑中形成图像了。

"这个很简单啊！有点像我们学英语单词的时候，直接用汉字来标记读音。"小克说，"你忘了，我们把face标记成'非死'、nice标记成'奶死'、house标记成'好死'……"

"你就记得死了，还有活着的吗？"

"有啊！"小克冲恩鞠了一躬说，"三颗油喂了猫吃！"（'Thank you very much.'的谐音。）

"没正形！好了，现在做一些练习。"恩递给小克一张纸，说，"试着把这些单词用谐音法转换成图像吧。"

犹豫	发奋图强
困难	随遇而安
妥协	异想天开
持续	大智若愚
逃避	相濡以沫
神态	妄自菲薄
类似	相形见绌
激昂	一往无前

"有些词转换起来好累啊，半天也找不出来谐音词！"小克抱怨道。

"是的，所以我们还有另外一种比较容易快速出图的方法，叫代替法。"

"你不早说，害我在这思考半天！"

"我没说的东西还多着呢！"恩调皮地说。

代替法，也叫潜意识出图法。简单地讲，就是当我们看到一个单词的时候，大脑里反应出来的第一个场景或者画面，我们就用这个画面来代替这个单词。

"比如，当你看到'妥协'这个词的时候，你想到的第一个场景是什么？"恩问。

"哈哈，我想到我爸很不情愿地让我妈揪着耳朵去陪她逛商场！哈哈！"

"哈哈，确实很另类！"恩说，"不过没关系，就用这个情景来表示'妥协'，下次只要你能回忆起这个场景，就一定能想起'妥协'这个词语。"

"但是有些词很难让我想到一个很清晰的画面或者情景啊！"

"是的，所以我们在进行这种抽象词转换的时候，要学会灵活地运用，能用谐音的就用谐音，能用代替的就用代替。哪个出图快、哪个图像清晰，就用哪个。现在你可以重新对刚才的那些词语生成图像了。"

小克皱了下眉头，感觉有些无奈。

恩发现了小克情绪上的变化，决定做完这个训练，带小克去放松一下。

……

"关键字法是什么？"

"这个我们还是留到后面训练的时候说吧，早说了就一点神秘感也没有了。"

"熊样儿！"小克白了恩一眼说，"我猜也能猜个八九不离十！"

"那说明你很厉害啊！"

"这个是不是背长篇课文的时候用的？"

"差不多吧，记忆古文和一些问答题的时候我们也会用到。"

"哦，看来和我理解的差不多。"小克得意地说，"不过，如果所有的问题都转成图像，在脑袋里面不会乱作一团吗？"

"会的，不过你还记得我们一起去游乐场回来画的那幅画吗？"

"当然记得，还用那个记了'十大民族英雄'呢！"

"其实那种方法就是我们所说的'定桩法'。"

"哦。但是我们需要记住的问题有那么多，上哪里去找那么多的桩啊？"

"所以，我们需要在大脑里打造一座宫殿！"

一路荆棘——宫殿记忆法的学习过程

"记忆宫殿的方法需要多久能学会？"小克问。

"你希望多久学会呢？"恩说，"任何高超的技能都不是一朝一夕能学会的。"

"但是我没见你学多久啊？！"小克说。

"哈哈，没你说的那么夸张。"恩说，"但是多久能学会和你每天的训练时间有关系。"

"具体说来听听！"

"好啊，这可不是我故意要刺激你的啊！"

宫殿记忆法是一种技能，而不是一种知识。我们需要的是掌握这种技能，而不是学会这门知识。

这就像我们学习汽车驾驶一样，不但要懂得汽车驾驶方面的一些理论知识，包括交通规则、汽车原理、操作规程、注意事项等，更多的还是要掌握实实在在的汽车驾驶技术。

如果只是天天抱着汽车驾驶技术方面的书看，去听老司机讲解汽车驾驶经验，到网络上查找和学习一些汽车驾驶方面的视频资料，那么这充其量只是懂得汽车应该怎么开。

记住，这里有一个关键的词，是"应该"。

如果我们只是停留在这个"应该"的阶段，而从来没有亲自坐到主驾驶的位置上，独自驾驶汽车上路，永远是纸上谈兵。

为什么会这样？因为我们自己也明白，我们根本没有独自驾驶的经验和能力。

还能再进一个层次吗？其实，不管你多么胆小，不管你手脚多么不灵活，对汽车驾驶多么不喜欢，如果能够独自驾驶3000～5000公里的路程，基本上就得心应手了。

得心应手是什么概念？就是驾驶汽车不再是一件需要你花太多的脑力和精力才能完成的事，而变成了你的一种潜意识的能力、一种本能。

如果你已经独自驾驶了几万公里，而且城市、乡村、白天、夜间、雨天、雪天、雾天、山路、土路等各种路况你都经历过了，你内心还会恐惧吗？那时候你就可以自信地说："我也算是个老司机了。"

回到我们的宫殿记忆法上。它和汽车驾驶一样，有一个从了解、到明白、到掌握、到熟练、到内化为本能的过程。

【注】这本书的前半部分是帮助大家从了解到明白的一个过程。如果大家认真读了，你就会对宫殿记忆法有一个全面的了解。而后半部分是让大家实现从理解、明白到掌握的一个飞跃。你不但知道了什么是宫殿记忆法，也明白了如何把这种技术应用到我们日常学习和生活的不同方面。而剩下的，就是靠大家自己了。

因为还有两个层次的提升，是谁也帮不了你的。你需要按照书中的方法，不断地去训练，不断地去实践，不断地去应用。

首先要做到熟练地掌握书中的例子，然后就是自己找难度差不多的训练材料去记忆，再就是去找更难一点的、更长一点的、更复杂一点的材料去记忆。

既可以用来训练，又非常值得记忆的材料有很多。英语单词算是一类，《道德经》《孙子兵法》《易经》等古汉语算是一类，法律法规、中药配方等也可以作为我们的训练材料。

如果你连《弟子规》这样的短篇都没能全文记下，连200位圆周率都背不出来，连1000个英文单词都搞不定，我劝你出门千万不要告诉别人你学过宫殿记忆法，别人会笑掉大牙的。

"那到底需要多久我才能达到那种得心应手的境界，让记忆术成为自己的本能呢？"小克还是不踏实。

"可能两个月，也可能两年。"恩说。

"这时间差别也太大了吧？！"小克说。

"这主要还是看你的训练强度。"恩说，"记忆宫殿有个这样的定律。"

30：全面理解和掌握记忆宫殿的方法需要30小时。

100：达到能够独立应用的水平至少要经过100小时的训练。

500：如果坚持训练500小时以上，基本能达到内化为本能的水平。

"500小时，这需要21天？"

"是的，如果每天只训练1小时，就需要500天。"恩说，"如果每天训练5小时，那100天就差不多了！"

"那如果每天训练50小时的话，有10天就够了！"小克调皮地说。

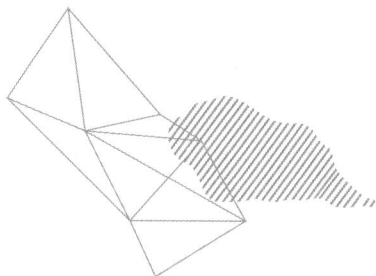

知识要点

如何快速建立自己的记忆系统？从哪里找到更多地点？寻址过程中应注意什么？如何管理地点系统？地点是有限的还是无限的、是死的还是活的？

一场比赛——如果没有记忆宫殿

从世界公园回来，四个年轻人一起走进一家小饭馆，他们手里剩余的钱还够他们在这里吃一顿便餐。这家小饭馆就在世界公园的对面。他们选择了二楼靠窗户的一张桌子，透过窗户可以看到世界公园里的一些建筑。

恩今天过得一直很忐忑，这种忐忑是激动、紧张和兴奋的混合情绪。他到现在也没明白，一向在他面前很孤傲的珊今天为什么同意和他们一起出来玩。

点菜的时候，小克装富豪说要做东，珊调皮地说："好啊，那我得专挑贵的点！"恩拍了一下小克的脑袋，说："你带那么多钱了吗，就在这装大尾巴狼！"然后，他看了一眼对面的两个女孩，小声地说："老规矩，AA！"说完，他不好意思地低下头。

素素只是笑，不说话。素素一直就是这种怎么都行的表情，连菜也不想点，非要让她点，就点个酸辣土豆丝完事。珊嘲笑她："你还会点别的吗？！"素素只是笑而不语。

这家饭馆今天人格外多，已经坐下快半小时了，一个菜也没上来。

有一段时间的沉默，四个少年都在无聊地看着窗外的世界公园。小克张大嘴巴、睁大眼睛，就像是突然发现了窗外一个漂亮的女生。素素只是静静地看着，依然是那种轻松自若的神态，似乎在这个世界里只有美好，她正陶醉在这种美好中。珊的脸上始终停留着一种神秘而又对整个世界都不屑一顾的笑，这种笑里除了对整个世界的蔑视，还有渗到骨头里的自信。恩的表情则有些凝重，时而皱一下眉头，时而撇一下嘴。

"你们谁报名了圆周率大赛？"素素打破了沉寂。

"我报名了。"小克快速地接过话说，"还有他。"他指了一下旁边的恩。

恩无奈地笑笑，然后问："你们两个呢？"

"我没报名，我连100位也记不住！"素素轻声说道，"珊，你呢？"

珊又露出了那种神秘的笑容，说："你们觉得我会不会报？"

三个人互相看了看，小克说："你这么问肯定是报名了。"

珊淡淡一笑，却没有回答。恩突然觉得很烦，他不喜欢这种交流方式，或者说不喜欢这种故作神秘的表达方法。恩扭头看向窗外，素素看了一眼恩，以为恩发现了什么，也跟着看向窗外。

"你们知道我今天为什么来世界公园吗？"珊突然开口说道，"我就是为记忆2000位圆周率做准备。"

听完这话，三个人都吃了一惊。

对素素来说，2000位简直就是个天文数字。对小克来说，他没想到，从来只知道学习的珊居然也会报名参加这种比赛，而且定的目标居然和自己一样，是2000位。而对恩来说，让他吃惊的是前半句话。他终于明白珊今天同意出来的原因了。

恩不知道，在她孤傲的外表后面，究竟还隐藏着多少不为人知的秘密。

……

回家路上，恩小声地，也很正式地问珊："你是不是参加过记忆宫殿的培训？"

珊愣了一下，看了恩一眼，没有说话。

"这算是默认吗？"恩问。

珊脸上又露出那种神秘的笑容，扔下三个字："你猜呢？"然后调皮地一甩头，骑上自行车走了。

"你是哪年学的记忆宫殿？"恩追上珊，想了半天，还是很小心地问。

"你觉得呢？"珊还是用这种以问为答的交流方式。

恩觉得很不舒服，但是忍了忍，假装猜了半天，说："去年？前年？"

"算是吧！"

"什么叫算是？你不会告诉我你已经记不清了吧？"

"那倒不是，我基本上是通过网络自学的，前前后后花了一年多的时间。"珊说，"所以，我也没法说具体应该算是哪一年学会的。"

"你学的是哪个老师的方法？"

"记忆宫殿John老师的方法。"

"原来你们三个人来世界公园都不是为了玩啊？"素素说，"我要早知道这样，就不傻乎乎地跟着你们来了。"

"我是为了玩，他们两个非要装大尾巴狼！"小克说，"来之前恩要求我把世界公园的布局和一些场景记下来，我一玩起来就忘了。"

"记那些东西有什么用？"

"为了记圆周率啊！"

"我听不懂，你们刚才说的时候我就听不懂！"

"这是记忆宫殿的一种记忆方法。"小克解释道，"就是把圆周率中的数字每四位转换成一组图像，然后把图像挂接到我们看到的这些场景的固定位置……"

小克花了好长时间给素素讲解数字编码的原理和定桩法记忆的好处，最后素素终于明白了大师们是如何记忆数字的。

"原来是这样啊！"素素说，"那要记2000位圆周率，岂不是需要500个东西？！"

"对，所以我们才来世界公园找桩子啊！"小克说，"可我玩了一天，啥也没记住，感觉到处都是人，对其他的东西没有更深的印象。"

"如果不用这些桩子，就没有办法记下这么多的数字吗？"素素问。

"有啊，那就是用串联的方法。"小克说，"但串联是有限度的，我用串联记完了500位，但是再往后就觉得有些力不从心了。"

"500位已经很厉害了呀！我100位都没记下来。"素素称赞道。

"那是你没有去记，凭你的智商，一两个小时就能轻松记完500位。"

"我很笨的！"素素说，"不过我倒是可以试试，争取也记完500位。你为什么不一直记下去？"

"串联到一定程度，就会出现一些问题，如果再串下去，前后会混淆，除非自己的图像能力相当了得。"

"没有人记得更多吗？你知道恩记了多少位吗？"

"恩用的是地点法，就是用桩来记的。"小克说，"听恩说，有一个记忆大师用纯串联的方法成功记完了5000位。"

"5000位啊，太厉害了！"素素吃惊地说，"不管什么方法，这已经是一件非常让人佩服的事情了！"

"如果用地点法，记5000位是很轻松的，这就是恩今天非得拉我们来世界公园的原因。"小克扬了扬下巴，指着不远处的恩说，"只要找到足够多的地点，你想记多少位就能记多少位！"

"真的吗？"

"几年前，武汉大学的一位大学生就成功记完了68000位，创造了国内的一个纪录。"小克说。

"哇！6万多位，让我读一遍都没耐心读完！"

"这已经不是世界纪录了！"恩突然追上来说，"在那之后不久，日本的一个大师以8万多位的成绩超越了他。"

"他们用的都是地点法吗？"素素问道。

"是的。"恩说，"不仅是记圆周率，现在记很多长篇的东西都要借助地点法来完成。"

"除了记圆周率还能记什么呀？"看来素素对宫殿记忆法真的是一无所知。

"那多了去了！"小克抢过话题说，"记《道德经》《孙子兵法》《长恨歌》《琵琶行》《三字经》《千字文》《弟子规》等，包括3000个英文单词，都能用桩子来轻松搞定。"

"哇！这么厉害啊！"素素问小克，"这些你都已经学会了？"

"他都已经学会吹了！"恩说，"其实除了这些，桩子有时候还可以帮我们记忆一整本书的内容，或者来记忆一天中发生的事等。"

"我怎么感觉你俩都在吹牛呢？"素素有点怀疑地问，"珊，他们是不是在吹牛？"

"你就选择性地相信吧！"珊说。

"什么叫选择性地相信？"小克不服气，"你选择哪句是假的？"

"不想和你们争辩！"珊冷冷地说，"不过有了地点，确实能帮我们记住很多的知识点。"

"噢！"

"如果没有记忆宫殿会怎样？"素素问，"我这些年没有学过宫殿记忆法，考试照样能及格啊！"

"是的！"恩说，"但是你记忆同样的知识花的时间要比用宫殿记忆法多很多。而且时间长了，你需要反复去复习，特别是如果让你一下子记忆大量知识的时候，你就会觉得头大了。"

记忆宫殿是什么？就是一座仓库。

如果我们有10件不同类型的物品需要放置在仓库中，因为就10件，即使随便堆放在仓库的地板上，进门一下就能找到它们。

如果我们有100件物品呢？

这时候，如果想方便在仓库中快速找到自己想要的东西，就必须想办法对物品进行分门别类，然后划分区域存放。

如果我们有1000件或者10000件物品呢？

这时候，简单地分门别类就不能解决问题了。

"怎么进行分门别类、分类存放呢？"小克问。

"要不我们去逛逛商场吧！"

小克抗议，"没事去逛什么超市？！"

"别着急！"恩说，"我是让你去看看，超市里面成千上万的商品是如何分类的。"

恩停顿了一下，接着说："你别不服，要不我们俩来比赛，前面不远就有一家超市，一会儿，让两位女生每人挑一样东西，我们俩去买，看谁先准确无误地买回来。"说完，恩转身冲着两位女生说："当然不能太贵啊，价格控制在10元之内吧，谁输了这东西谁来埋单。"

"行，这个我喜欢！"小克被激起了斗志，"我就不信跑不过你！"

"你以为比谁跑得快啊？！"珊冲小克说道。

素素想了半天说："随便给我买点零食就好，我正好有点饿了！"

"那不行，要具体，否则就没有可比性了。"恩说。

"那就薯片吧！"

"什么牌子，什么味，多大包的？"

"我不知道啥牌子，就要原味的，中包就行。"

"我要一瓶500mL装葡萄味的芬达！"

"有葡萄味的吗？"小克说。

"既然人家提出来了，就去找吧！"恩说"你没喝过不代表没有！"

"那找不着怎么办？"

"找最接近的代替。"恩说，"反正如果没有，我们俩都找不到。"

"行！"小克说，"你买哪个？"

"我们俩都是两件都买。"恩说，"为了不相互抄袭，进入超市后你先找薯片，我先找饮料！"

超市门口，两个女生负责在路边的树荫下守着四辆自行车。恩和小克向着超市的入口狂奔过去。

小克担心自己忘了，还偷偷把要买的东西写到一张纸片上。

恩则直接冲进超市，然后用眼睛在超市顶棚区域悬挂的指示牌上找饮品区的位置，可惜遮挡物太多了，恩找到离他最近的一个售货员问："请问酒水在哪个位置？"

售货员指了个方向说："你从这往前……"

没等售货员说完，恩就直奔那个方向去了，他一边跑，一边观察空中的指示牌，很快找到酒水区域，然后大约30秒的时间就找到500mL装葡萄味的芬达。

小克进去后冲着一堆零食的地方去了，大约花了2分钟时间，终于找到了素素想要的中包的原味薯片，小克还两个品牌的各拿了一包，然后去找葡萄汁。

小克找到一个售货员，问："阿姨，葡萄汁在哪里？"

售货员回答："你到饮品区去看看！"

"饮品区在哪儿？"

"那边！"售货员用手指了个方向，就去忙自己的了。

小克摸索地朝那个方向走，可是找了半天还是没找到，又问另一个售货员："请问葡萄汁在哪里？"

"葡萄汁在饮品区！"

"具体在哪儿？"

"你从这里一直向前，走过熟食区就是了。"

"谢谢！"小克飞快地跑过去。

等找到葡萄汁，跑到收款台的时候，小克发现恩已经在等待付款的队伍中了。

小克找了个最短的队伍，心想，完了，难道真的被打败了吗？好没面子。

恩的前面还有一个人，而小克的前面还有四个人。

小克想，没希望了。

巧合的是，恩前面的那个收款机突然出现了故障，半天扫不出价格。恩急得不知道如何是好，如果退出来，所有的柜台都排着长长的队伍，如果不退，又不知道什么时候能好。

折腾了几分钟之后，恩前面的那位终于结完账走人了。这时候，恩看到远处的小克也排到了队伍的最前面。

刷单，结账，找零。恩还是快了一步，早小克几十秒回到了两位女生的面前。

小克后悔了，当初为什么非要拿两包薯片，第二包在扫码的时候半天没扫出来，收银员只好手工输入，这样就耽误了几十秒。

回到两位女生面前，恩拿着小票对小克说："愿赌服输，报销吧！"

"你不就比我快了几秒嘛！"小克很不服气地说。

"几秒也是快!"恩说,"如果不是我排队的那台机器出问题,我早出来好几分钟了!"

"好!我愿赌服输!"小克不情愿地接过小票说,"不过,嘿嘿,多出的一包薯片归我了!"

"瞧你那点儿出息!"

游戏分析:

如果我们想在一座五层的商场中快速找到自己想要的商品,一般按什么样的途径去找呢?

首先商场会有一个大的目录,就是每一层的商品目录。

比如:

地下一层是超市。

一层是手表、首饰、健身器材。

二楼是男装、女装。

三楼是鞋帽、童装。

四楼是家电、家具。

五楼是图书、玩具。

如果我们打算去买一瓶500mL装的葡萄味芬达,那我们肯定要到地下一层的超市去找。可超市也有上万件商品啊,该怎么办呢?继续按分类找。

一般的超市会分为很多区,像生鲜区、果蔬区、熟食区、调料区、饮品区、干货区等,只要弄清楚芬达属于饮品,就知道应该到饮品区去找。

饮品区也有很多货架,一般会把白酒、啤酒、红酒、果汁、碳酸饮料、矿泉水等分别放置于不同的货架之上,这样我们就可以把目标锁定在几米的范围内了。

然后就相当于在一个货架的几十件商品中找一件商品了。我们可以继续按分类法,有的是按生产厂商分类码放,有的是按商品容量分类码放,有的是按商品类别分类码放。

这样,我们很快就能找到自己需要的商品了。

好了,现在我们来回忆一下,我们是如何在一座商场中快速找到自己想要的商品的。

我们通过"楼层——分区——货架——详细分类——具体商品"的顺序寻找商品。

因为商场(超市)的物品有分门别类,所以找起来比较简单。如果我们要大脑中安放大量信息，也要分门别类，这样我们在查找的时候，才会更轻松。

以记忆《道德经》为例，按照以前死记硬背的方法，我们是从第一章的第一句"道可道，非常道"开始，按照顺序一点点记忆的。这是一种线性记忆，一旦被打乱，必须从头开始才能正确地回忆我们要记忆的内容。而《道德经》有81章，如果不花费相当多的时间和精力，我们很难做到对每一章都倒背如流。

但是如果我们有了记忆宫殿，宫殿的每个房间都有自己的特点和风格，都有自己的布局。我们把每一章的内容都转化成图像，分别存放到这81个对应的房间中。这样，我们需要回忆哪一章，只需要在大脑中找到这个房间就可以了。

同样的道理，我们记忆《弟子规》《三字经》《千字文》《孙子兵法》《易经》等长篇文章时，仅仅靠前面提到的6种方法来转换图像是不够的。因为虽然每一句话都可以转换成图像，但是当图像非常多的时候，我们大脑中存放的图像就像是在一个大仓库里随意堆放的成千上万件的商品，要试图找到某件商品，是一件非常不容易的事。

"所以才有了记忆宫殿。"恩说，"记忆宫殿就好比是我们刚刚进去的这家超市，而我们平时需要记忆的大量信息就好比是超市中琳琅满目的商品。要想让这些商品有规律地存放，方便顾客查找，就需要对商品进行分门别类。更重要的是，要把商品存放到不同的位置：不同的楼层，不同的区域，不同的货架上。"

"我现在有些明白记忆宫殿为什么叫记忆'宫殿'了。"素素说。

"如果没有分门别类会是什么结果呢？"小克不服气地问。

恩看了小克一眼，把手中刚刚喝完的葡萄汁空瓶扔进了旁边的垃圾桶，然后咽下最后一口葡萄汁，对小克说："给你个任务！"

"啥任务？"

"看到我刚才扔进垃圾桶的那个空瓶子了吗？"恩指了指垃圾桶说，"明天的这个时间，这些垃圾将会被运送到这座城市最大的垃圾场，那里有堆积如山的垃圾，我相信里面不止一个500mL的葡萄味芬达的空瓶。"

"那又怎么了？"

"请你从垃圾堆里找5个和这一模一样的空瓶回来，看你用多长时间能找到。"恩坏坏地笑了笑说，"你放心，我每个瓶子10块钱回收！"

"好啊，这个建议不错。"珊在旁边煽风点火。

"滚！"小克气得抓起一把薯片塞进恩的衣服领子里。

身临其境——用实景桩构建记忆宫殿

　　小克已经拿着手机对着自己家的每个房间反复拍摄了上百张照片。按照恩的要求，找桩子首先要从自己最熟悉的场景开始。对于每一个人来说，最熟悉的场景莫过于自己的家了。素素则非常认真地选择角度拍摄了每个房间，把自己不满意的照片全删除，每个房间只留了一张。珊根本就没有拍，尽管大家约好了都去做这件事。她用素描快速地画出了自己家每个房间的样子，尽管看上去有些粗糙，但是足以看清每个房间的摆设。而恩直接找到了去年自己在家练习的时候打印好的房间照片，尽管今年家里有了一些小小的变化，但是不影响整体的效果。

　　四人约好到学校大门外的那片小花坛前碰面。下午三点五分，两个女孩没有如约而至。两个男孩只好先聊起天来。恩翻看着小克手机里的照片，说："你拍了这么多，没有几张角度好的，好在我去过你家，否则有些房间的布局我真的想象不出来。"

　　"你从家里找到了多少个桩子？"小克问。

　　"一百多个。"恩说，"这个主要还是看你对桩子的熟悉程度和感觉。刚开始的时候，可能从家里找到30个桩子都觉得很难，但是时间长了，慢慢就会有越来越多的点成为你可以利用的桩子。"

　　"我觉得30个就有点难，20个还可以考虑。"

　　此时，恩的手机响了……

　　"是素素！"恩接起电话问道，"你们什么时候到？"

　　"恩，我去不了了，突然肚子疼得厉害，珊在这儿陪着我呢，她说她也不去了！"素素在电话那边说道。

　　"哦，好吧。"恩很无奈地说，"那你先休息吧。"

　　"需要我们陪你去医院吗？"恩突然想起应该问候一下，可惜对方已经收了线。

　　"素素肚子疼，来不了了。"恩无奈地说，"珊在那陪着，也不来了！计划有变，时间不能浪费了。离开学越来越近，我带你在学校里面找桩子吧。"

　　因为还在假期，他们第一次见到校园里如此安静，除了他们两个，再也见不到其他人的影子。

【注】本书中所有图片的彩色版本可到作者的微信公众号中去查阅，微信公众号见本书封底。

"这种状态下最适合找桩子了。"恩说，"你最好把一部分场景用手机拍下来，方便你回家以后复习和回忆。"

"这有什么好拍的？"小克问，"我都在这里生活七八年了，难道还不熟悉吗？"

"你还真不熟悉！"恩说，"不信我问你，在小学部教学北面的雕塑西侧的花池中有一排冬青树，最南边的那一棵被修剪成球形还是方形？"

"你怎么不问我上面的第十一片叶子上停着的那只苍蝇是公的还是母的？！"

"那上面还真没有苍蝇！"恩哈哈笑道，"我不是和你开玩笑，因为像这种有明显造型的花和树是可以作为桩子来用的。"

"哦，那还有什么可以作为桩子？"

"你现在向远处看，有哪些东西最容易引起你的注意。"恩说，"当然，教学楼、办公楼就不用说了，我是指体积稍微小一些的东西。"

"雕塑、旗杆那几棵大柳树啊！这些都可以吧。"

"不错！"恩说，"这些确实可以。除了这些，你要善于去发现一些可以作为桩子来使用的物品。比如，你看到远处那个垃圾桶了吗？在那个区域因为公路两边的花和树都是统一的风格，只有这个垃圾桶是个另类。这就像是一排身材苗条、身高相似、穿着相似的美女中却有一个体重两百多斤的超级大胖子那样显眼，所以我们就可以把它作为一个桩子来用了。"

"你要站在一排美女中你也是个另类。"小克哈哈一乐。

"你站哪儿都是另类！"恩随口回了一句，接着说，"在实际场景中，我们一般不会选择特别大或者特别小的物品作为桩子。我们尽量选择大小差不多的东西来作为桩子。"

"哪来那么多大小差不多的可选择的物品啊？"小克问。

"这就要靠你去挖掘和发现了。"恩指着远处的教学楼对小克说，"你看这个教学楼的大小显然和那个垃圾桶的大小不是一个级别的，但是你可以在教学楼的周边去找桩子啊。"

"你的意思还是找周边修剪出来的那些花花草草吗？"

"那只是一个方面。"恩指着教学楼一楼最左边的那间教室说，"你看我们手工教室的窗户上面装了一个视频监控摄像头，像个一只眼睛的机器人脑袋的那个，看到了吗？"

"看到了，但是那个东西有点太小了吧，显然和刚才说的垃圾桶、树不是一个大小级别的啊？"

"是的。但是你在记忆的时候把这个摄像头和它下面的窗户当成一个整体来记，这样感觉上不就统一了吗？"

"这样也行啊？！"

"除了这些，你沿着这一排窗户看，六年级教室旁边装饰用的竖条可以当作桩子用；教学楼门口旁边的那盆花可以当作桩子用；老师办公室窗户外面的空调外机也可以当作桩子来用。"

"楼上的能用吗？楼上每一层办公室的外面都有空调啊！"小克问。

"对于同一类型特别是外形一样的东西，我们一般只选择一个，否则在后期使用的时候，很容易出现混淆。"

"楼顶上的字能用吗？"

"可以啊，但是有个问题。"恩说，"如果和楼下的那些垃圾桶、花草树木、雕塑作为一套桩子来用的话，就有些不适合了。如果想用楼顶上的字，包括楼顶的角等作为桩子，那最好是把这栋楼当作一个单独的桩子来用。"

"把这栋楼当作一个桩子？"

"不，确切地讲，应该是一组桩子，就是直接从这栋楼上或者这个楼的周边找出一整组的桩子。"

"就是不和刚才垃圾桶等远离这栋楼的作为一组对吧？"

"是的。"恩说，"实际上我们在选择桩子的时候，考虑的一个原则就是大脑过桩的连续性。"

"连续性？怎么个连续法？"

"因为我们是在非常熟悉的场景中找实体桩，所以，在闭上眼睛回忆的时候，如果桩子与桩子之间的距离太远，或者说距离之间的比例差别太大，就容易出现一种思绪跳跃的不连续。"

"还是没有完全明白，别给我讲这些道理了，举例子吧，直接点。哪些行，哪些不行？"

"好，我们先来看这个。"恩指着远处路边的水泥长椅说，"比如这个椅子可以是一个桩子，再往这边的垃圾桶可以是一个桩子，那么我们就尽量都在地面或者接近地面这个高度找一组桩子，而且桩子的大小也尽量找大小差不多的。"

"那不合适的呢？"

"如果下一个桩子你跳到教学楼顶上的大字，这就是距离的不合适了。"恩说，"还有一种不合适，就是比例不合适。如果在刚才的例子中，我们直接把教学楼作为下一个桩子，显然是比例不合适了。"

"我们可以在头脑中把教学楼缩小啊！"小克有点不服气地说。

"是的。我不是说教学楼永远不能当桩子。如果我们想象自己站在校园的高空，就可以来选一组这样的桩子。"恩说。

学校大门——教学楼——实验楼——操场——食堂——图书馆

"因为这些都是大小差不多的东西。"恩接着说，"我们在定义第一个桩子的时候，就把自己的大脑定义到了高空的位置，所以在过桩子的时候仍然可以做到过桩的连续性。如果我们定义的同一组桩子中，既有很大的教学楼，又有很小的垃圾桶，那么我们在过桩的时候就像是在拍一个影片，需要反复地把镜头拉得很近，再推得很远，再拉近，再推远。"

"这个比喻比较形象。"

"是啊，这就是著名的镜头法理论。"恩说，"我们找桩子时，就要找到扛着摄像机平移就能把所有桩子都拍到而且能拍清楚的那种感觉。"

"明白!"小克说,"早举这个例子就不用费这么大劲了。"

当恩和小克在校园里找地点桩时,珊正在素素的家里陪她。但是肚子疼也不是什么大毛病,于是两个女生在家里也找起了地点桩。

"最熟悉的地点就是自己的家,"珊说,"所以黄金地址一般都是从自己家里找的。"

"但是家里能找出多少地点呢?"素素问。

"像你家这样的三室二厅,找出30～50个桩是很轻松的。"珊说,"如果仔细找,而且稍加训练,就能找出100个以上的地点来。"

"100个?我们家里有啥呀,我觉得找30个都难!"

"我帮你找一个房间,你就知道怎么从家里找地点了。"珊说,"我们就以你的房间为例子吧。"

【注】请各位读者先尝试自己从上图中找到10个以上的点来作为桩子。

"我的房间就这几样东西,哪能找出那么多的地点啊?"素素还是有些疑惑。

"我们在家里找地点的时候,凡是不动的东西都可以拿来用。"珊说。

"什么叫不动的东西?"素素问,"我家又没养猫狗这些宠物,除了人,哪有会动的东西?"

"我说的会动是指位置。"珊说,"比如,地上的这双拖鞋,我们会穿着它满屋子跑,那么这双拖鞋就是会动的,就不能当作地点。而客厅里的鞋柜,因为常年就摆放在那个位置,我们很少去挪动它,这就是不会动的东西。"

"哦，那所有家具都是不会动的。除了鞋子，还有什么会动的东西吗？"素素问。

"比如，斗柜上的这盆花，床头上的这个布娃娃。"珊说，"如果你常年就固定摆放在这个位置，那它们就是不会动的。如果你喜欢经常变化房间的风格，今天摆这里，明天就换个地点，那它们就是会动的。"

"哦，这我就明白了。"素素说，"我喜欢固定的生活模式，不喜欢改变！"

"好，明白了这一点，我们就从一进门开始，沿着墙按逆时针方向找，看能找出多少个地点吧。"

素素开始边用手指着房间里的东西边说："衣柜、斗柜、书架、书桌、椅子、床！"

"没有了？"珊问，"刚才说的'不动的'都忘了？"

"哦。"素素重新说了一遍，"衣柜、花、斗柜、书架、书桌、椅子、床、布娃娃！"

"你真是死脑筋！"珊说，"我说一个你就找一个，你自己可以从房间里再找其他的东西啊！"

"你又笑话我，我本来就很笨嘛！"素素说，"还有什么？窗户算一个，计算机也算？"

"你说了算！"珊说，"只要能帮你回忆起来的有明显特征的点都能用啊。"

素素耷拉下眼皮，轻轻撇了下嘴，没再说话，显然是一副很受伤的样子。

"小公主病又犯了？！"珊叹了口气，"让我来找给你看看。"

"能作为地点的不一定非得是一个东西，还可以是一个特殊的区域。"珊走到斗柜边上用手拍着上方的墙说，"你看这块区域虽然什么也没有，但是这块墙有一个单独的空间，就可以作为一个单独的地点来用。"

"墙也行吗？"素素说，"那房间里的墙太多了呀？！"

"是的，但是在同一组地点里不使用重复的点就好了。"珊说，"比如，你床头的墙上挂了三幅画，你可以选择其中一幅作为一个地点，也可以把这三幅画作为一个整体来当一个地点用。"

"但是不能当三个地点来用，对吗？"素素接过话说。

"是的，这回小公主变聪明了。"珊说，"好了，我们现在再来看看这个房间里能找到多少个可以利用的地点。"

衣柜——墙——花——斗柜——书架——椅子——书桌——计算机——窗户——画——床头——布娃娃——枕头——毛绒玩具

"如果再仔细去找，像书架上的东西、书桌上的东西，只要是位置固定的就可以用。我们还可以把很多的地点分开，比如，书架可以分为书架的顶部、书隔、下面的柜门；窗户可以分为靠近天花板的部分和窗台部分。"珊说，"这样一来，我们是不是在一个房间里就能轻松找到20个以上的地点了？"

"可是这样在脑子里不会乱吗？"素素问。

"刚开始会，但是随着你自己对地点的熟悉和对空间感觉的掌控，它们在大脑中的清晰度就会越来越高。"珊说，"当然选择地点后我们还要注意的一点，就是地点的顺序。"

"顺序？"

"是的，就是我们在回忆的时候，不管房间里有多少个地点，要确保我们每次回忆的顺序都是唯一的。"

"这个记住就行了，还需要什么特殊的方法吗？"

"当然！"珊说，"我们要用自己的想象在空间里画一条三维的曲线。"

"三维曲线？"素素问，"怎么像是科幻电影里的台词？！"

"每次我们回忆这个房间的时候，就会有一条这样的三维曲线浮现在这个空间里。"珊说，"我们可以想象自己坐在一架空间飞行器中，从第一点起飞，沿着这条曲线快速地飞过我们设定的每一个点。"

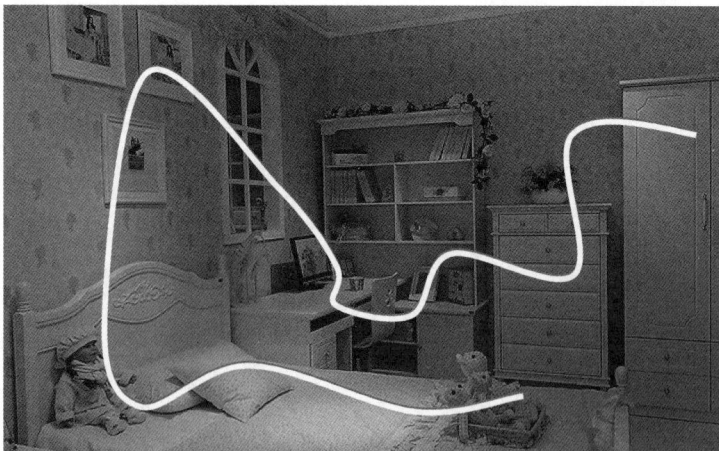

"还真是科幻电影啊？！"素素说，"要回忆到什么程度才算是熟悉了呢？"

"我的原则是：过一遍地点只需要1～2秒。"珊说，"或者能做到闭上眼后，所有的地点同时在脑海中浮现出来。"

"同时浮现是什么意思？"

"就是不再是一个地点、一个地点地回忆，而是几个甚至全部地点一下子同时浮现出来，包括那条不存在的三维曲线。"

"我还是没听明白什么意思。"素素皱着眉头说。

"没办法了，小公主。"珊凑到素素的面前说，"我还真不知道该怎么表达这种感觉了。"

"那怎么办？"

"没办法，你自己慢慢去找感觉吧。"

【注】请读者试着在自己家的各个房间里找地点，一个房间、一个房间地找，至少找到50个可用的地址，争取找到100个。然后把曲线画出来，不断地沿着曲线去回忆和熟悉，直到达到我们上面所说的标准：每个房间1～2秒，并且做到地点整体在脑海中浮现。

图中寻宝——用虚拟桩构建记忆宫殿

小克家的房子最大，四室两厅，所以，小克能在家里找到的地点是最多的。此外，小克天天泡在恩的家里，对恩家里的房间也是很熟悉了。

恩也一样，自从学了记忆宫殿，恩每次去同学家或亲戚家，都特别注意观察房间里的布局摆设，以扩大自己的桩子数量。

珊更是心细，她把自己脑海中能记住的桩全部用素描或者简笔画画了出来。看着一张张的图画，素素羡慕地说："我什么时候能记下这么多的桩子呀？有时候去别的同学家，如果拼命地记，人家会觉得我在窥探隐私，但是如果随意看几眼，可能很快就忘了。你怎么能做到过目不忘的啊？"

"这里面有好多的桩子不是我去同学家时记的。"珊说，"你想你到谁家去能满屋子乱转啊？"

"对啊。我看这里面还有好多是主人的卧室和卫生间。"素素不解地问，"那这些房间都是从哪来的啊？"

"网、上、搜、索。"珊一字一顿地说。

恩正在电脑上找图片，他一边搜索一边对小克说："你要学会自己找这些有明显特征的图片，其实最实用的是一些装修设计效果图，然后就是一些网友上传的房间实景照片。"

"可是我看大家发到网上的照片也都没什么特点啊，"小克问，"卧室都是床和衣柜，客厅都是沙发、茶几、电视等。"

"是的。所以，这就需要我们耐心地去搜索一些有特点的照片。"

"什么算是有特点？"

"方便记住并让人印象深刻的，就是有特点的。"

"又装大尾巴狼！"

"一般我们从网上找这几种类型的图片。"恩说，"一是室内的，二是外景的，三是情景的。"

"外景和情景有啥区别？"小克问。

"比如，咱们的小区、校园、街道等，包括一些旅游景点，都算是外景。"

"那情景呢？"

"情景并不一定在室外，也不一定是风景区或者建筑。"珊说，"情景有可能是一次活动或者一件事情，里面往往有人物或者主题。"

"不是特别明白，举个例子吧！"

"比如，某次课堂上，老师正在训某个学生，这就是一个情景。"珊说，"再比如，在操场上有一群学生在踢球，这也算是一个情景。"

"如果仅仅是教室或者球场，就不能算是情景了。"小克问，"只能算是室内或者外景？"

"是的，差不多这个意思。"

"可是，你告诉我这一堆概念有什么用？"小克不耐烦地问。

"概念看上去没有什么用，但是如果不告诉你，你在网络上搜索图片的时候，就很可能受到自己思维模式的限制，而忽略掉一些照片。"恩解释道。

"我最讨厌一堆枯燥的理论了，直接来实在的，给我找图片。"

"你这是在命令我吗？！"恩有些生气。

"我这是求你！"小克觍着脸说。

"我大人有大量！"恩说，"我们先来看一张最普通的室内照片。"

"这和在我们自己的房间里找桩子有什么区别吗？"小克问。

"当然，在图片上找桩子更加自由，"恩说，"可以打破很多的常规。"

"这不还是一个房间吗？能有什么区别？"小克说。

"你先试着在这幅画上找找看。"

"沙发——壁画——玄关——茶几——电视柜——电视机。"

"就这几个吗？"恩说，"小的物品也可以用啊！"

"沙发——壁画——玄关——皮蹲儿——茶几——电视柜——音箱——电视机。"

"还能找出来吗？"恩问。

"再找就是茶壶、茶碗这些瓶瓶罐罐了。"小克说。

"那好，现在我就告诉你在这种虚拟的场景中找桩子和在现实的场景中找桩子的不同吧。"恩说。

"赶紧的。"

"动变静。"恩说，"在实景中找桩子的时候，我说过尽量找位置固定的东西，家里的花盆、椅子等经常搬来搬去的东西，是不能当作桩子来用的，因为一旦它们的位置发生了变化，就会影响我们脑海中桩子的牢固程度。"

"这个你已经讲过800遍了，老大！"

"这是第799遍好吗？！"恩说，"但是虚拟的场景就不一样了。因为我们面对的是一张照片，而照片上的东西在我们脑海中就是定型的，永远不会改变。

所以，照片中的每一样东西都可以当作桩子来用。哪怕是小狗、小猫，或者随手乱扔的小娃娃的玩具，都可以当作永久的桩子来用。”

"哦，这样也可以啊？"

"还有一条也是虚拟场景中才能用的。"恩说，"就是一些空白的区域。"

"空白区域？"

"就是地板、天空、墙壁这样的空白的地方。"

【注】上图中圆圈的位置，都可以当作桩子。在脑子里记的时候就是树、人、蓝天、绿地。各位读者可以到作者的微信公众号中去查看对应的彩色图片。作者的微信公众号中还给大家提供了一些网络上搜索到的比较实用的照片，大家可以试着在每幅画中找出10个左右的地点当作桩子用。

数字谜团——用数字桩构建记忆宫殿

离圆周率大赛的日子越来越近了。小克已经成功记忆了1500位，恩已经在复习3000位了。素素放弃参加这次比赛，因为她觉得自己目前的实力还无法和三位同学去抗衡。而且据她了解，这三位已经是学校顶尖的高手了，如果不出意外，冠军应该在他们三位中间产生。

自从珊承认自己学习过记忆宫殿之后，她也开始一点点地教素素怎么运用记忆宫殿的知识体系。

素素不明白，珊为什么不承认曾经学过宫殿记忆法，这又不是什么丢人的事。恩更不明白，觉得这个女孩有些让人害怕，心计太深，甚至有些……恩很不愿意承认，但是那两个字还是在内心浮现。自私。

这天，恩又在教小克关于记忆数字的内容。

"数字桩可以记的东西很多。"恩说，"尤其是数量特别多的记忆项最适合用数字桩来记忆。"

"多少算是多？"小克问。

"一般情况下，5个以下的东西（信息、元素）我们不用数字桩来记。"恩说，"但是超过10个甚至更多的时候，我们就可以考虑用数字桩了。"

"需要记忆的这种类型的东西很多吗？"

"当然很多。"恩说，"比如，元素周期表中的118个元素，这个够多吧？"

"118个元素都要记啊？"

"还有三十六计、满汉全席108道菜的菜谱、全班50个同学的手机号等。"

"这些和学习有关系吗？"

"万变不离其宗。"恩说，"现在我就带你看一个和学习有关的例子。"

"你先给我解释一下，什么叫数字桩？"

"就是用数字作为桩子，用数字作为地点。"

"这我当然知道！怎么做？"

"这不是名词解释，你看完这个例子就明白了。"

用数字桩记忆14个沿海开放城市：

大连、秦皇岛、天津、烟台、青岛、连云港、上海、

宁波、南通、温州、福州、广州、湛江、北海

先来回忆和熟悉一下从01到14的数字编码。

01——铅笔	02——铃铛	03——弹簧	04——国旗
05——钩子	06——哨子	07——镰刀	08——葫芦
09——勺子	10——棒球	11——筷子	12——婴儿
13——医生	14——钥匙		

现在按名称来对14个沿海城市进行图像转化。

大连——大脸，一张特别大的脸。

秦皇岛——秦始皇，随意脑补出某部影视作品中的一个画面或者卡通形象。

天津——天金，天上掉下来一块硕大的金子。

烟台——砚台，不知道什么样子的读者可以上网搜索图片。

青岛——罐装啤酒，据说全世界有名。

连云港——花果山，孙悟空的老家。如果不熟悉这个景点，可以想象成一串首尾相连的云彩。

上海——东方明珠电视塔，上海的标志物。

宁波——宁静的波涛。如果觉得这个画面不好想象，可以想象成被冰冻的波涛。

南通——挤不动啊，人挤人或者车挤车。

温州——发廊。这是我个人对温州的印象。大家也可以用一碗还冒着热气的粥。

福州——一个大"福"字。

广州——广播，只需要记住一个广字就够了。

湛江——战江，或者站姜，脑补古代江上大战的场景，或者一块立起来的特别大的生姜。

北海——背海，北海舰队。

"你注意到我在做城市名字转图的时候用的方法了吗？"

"大部分是谐音，有一部分用的是代替法。"小克回答说。

"对，有些城市是用标志性建筑。如果对历史熟悉，也可以用发生在这个城市的比较有名的历史事件，比如，虎门销烟、重庆谈判；还可以用一个城市著名的活动，比如，潍坊风筝节，或者著名的小吃，如天津狗不理包子、兰州拉面、西安肉夹馍什么的。"

"你怎么也满脑子是吃的了"

"我脑子里东西多了。"恩说，"其实原则就是：没有原则。能够帮你快速地回忆起这个城市名称的所有东西都可以作为图像。能记得住就是最好的原则。"

"这个你说过好多遍了！"小克不耐烦地说。

"你要能灵活应用，就对得起我说这么多遍了。"

"赶紧的，下步怎么用数字桩啊？！"

"下一步就是把数字编码的图像和城市名称转换出来的图像进行关联了。"

数字	编码	城市名	图像	两个图像关联
01	铅笔	大连	大脸	铅笔戳伤一张大脸
02	铃铛	秦皇岛	秦始皇	铃铛里钻出一个秦始皇
03	弹簧	天津	天金	从天下掉来一大块金子 正好砸中弹簧
04	国旗	烟台	砚台	国旗里包着一块砚台， 没包好，掉出来了
05	钩子	青岛	罐装 啤酒	钩子上挂着青岛啤酒
06	哨子	连云港	花果山	哨子一吹，满山的猴子都在欢呼
07	镰刀	上海	东方 明珠	用镰刀将东方明珠一刀割断
08	葫芦	宁波	冻波涛	葫芦里倒出来波涛接着冰冻了
09	勺子	南通	堵车	大炒勺里的车挤不动了
10	棒球	温州	发廊	一个棒球突然打碎了发廊的玻璃
11	筷子	福州	"福"字	用两只筷子夹着一个"福"字 准备吃掉
12	婴儿	广州	广播	广播一响，婴儿赶紧捂耳朵
13	医生	湛江	战江	一个医生站在战船上指挥战斗
14	钥匙	北海	北海 舰队	一艘航母像硕大的钥匙， 上面停着好多战斗机

因为我们已经非常熟悉数字编码了，现在我们先根据数字编码的图像来快速回忆一遍与它关联的图像。

01——铅笔——

02——铃铛——

03——弹簧——

04——国旗——

05——钩子——

06——哨子——

07——镰刀——

08——葫芦——

09——勺子——

10——棒球——

11——筷子——

12——婴儿——

13——医生——

14——钥匙——

再根据回忆出来的关联图像，还原14个沿海城市的名称。

01——铅笔——　　　　　——

02——铃铛——　　　　　——

03——弹簧——　　　　　——

04——国旗——　　　　　——

05——钩子——　　　　　——

06——哨子——　　　　　——

07——镰刀——　　　　　——

08——葫芦——　　　　　——

09——勺子——　　　　　——

10——棒球——　　　　　——

11——筷子——　　　　　——

12——婴儿——　　　　　——

13——医生——　　　　　——

14——钥匙——　　　　　——

文字解剖——用文字桩构建记忆宫殿

　　每天看着一堆、一堆的房间图，虽然脑子里的桩越来越多，可是小克有些厌烦了。因为想要记住更多的东西，就需要更多的桩子，这似乎是个没有尽头的工作。

　　"桩子是可以重复使用的。"恩说，"当我们对知识熟悉到一定程度以后，就可以脱开桩子不用了。"

　　"脱开不会忘了吗？"小克还是有些不放心，因为记忆宫殿之所以叫记忆宫殿，就是靠这些桩子搭建起来的。

"不会的，但是需要一个过程。"

"多久？"小克问，"三天还是三年？"

"这个不好说，看你复习的熟练程度。到了一定程度，就自然地脱桩了。"

"就没有更好的办法吗？"

"如果是比较简短的东西，可以用文字桩。"恩说。

"蚊子桩？"小克奇怪地问，"外星物种吗？"

"大哥，是文字，不是蚊子！"恩指着书上的字说。

"文字不是需要记忆的内容吗？怎么当桩子来用？"

"别急，我们来看个例子你就明白了。"

抗日战争胜利的历史意义

1. 扭转了一百多年来中国人民反抗外国侵略的屡败局面。

2. 洗刷了近代以来的民族耻辱。

3. 是中华民族由衰败到振兴的转折点。

"我们先来看第一种文字桩。

"看到题目，我们先看题目的答案有几条。对于本题来说，答案是三条。那么我们就在题干中找到三个字或者三个单词来当作三个桩子。

"这个我们可以参照前面提到的关键字法。也可根据自己的习惯从题干中找出三个字或者三个词语来。"

抗战——胜利——意义

"我们利用前面讲过的"潜意识出图法"把上面的三个单词转换成三个图像。"

抗战——英勇的八路——八路

胜利——挥舞的军旗——军旗

意义——依依——好像是某个可爱的卡通女孩

"以上三个图像就是后面我们要记忆的内容的桩子。我们再对答案进行关键字提取和分析。"

1. 扭转了一百多年来中国人民反抗外国侵略的屡败局面。

关键字：扭转、屡败

2. 洗刷了近代以来的民族耻辱。

关键字：洗刷、耻辱

3. 是中华民族由衰败到振兴的转折点。

关键字：衰败、转折

现在开始对这三组文字进行图像转换。

1. 扭转了一百多年来中国人民反抗外国侵略的屡败局面。

关键字：扭转、屡败

图像：几根被拧成麻花的铁丝捆住了一块铝板（屡败）。

2. 洗刷了近代以来的民族耻辱。

关键字：洗刷、耻辱

图像：牙刷或者鞋刷正在刷洗一个大庭广众之下撒尿的人（注意刷洗的是人）。

3. 是中华民族由衰败到振兴的转折点。

关键字：衰败、转折

图像：一朵蔫了的花的花枝被转了个方向折断了。

"与前面的文字桩串联起来，形成最终的图像。"

1. 八路军把铁丝拧成麻花状捆住一块铝板。

2. 军旗下一把巨大的牙刷在洗刷一个当众尿尿的人的脑袋。

3. 女孩依依把一朵蔫了的花折断，转了个方向。

"回忆和反编译："

问题：抗日战争胜利的历史意义是什么？

从题干中找到桩子：抗日、胜利、意义，分别对应：八路、军旗、依依。

回忆文字桩上的图像：八路（拧铁丝、铝板）、军旗下（牙刷洗刷当众尿尿的人）、依依（将蔫花折断转方向）。

回忆出每个图像代表的意义。

回忆出原文。

"这种方法听起来好复杂啊！"小克说，"我感觉有这工夫，我死记硬背也记完好几遍了！"

"这是因为我给你讲解的时候，花的时间是相当长的。但是当你能熟练应用，自己去做的时候，速度是很快的。"

"我怎么感觉很费劲呢？"

"其实这就像是去记古汉语一样。"恩说，"有人能在10小时左右背完《道德经》的全文，却没有一个讲师能在几小时内讲完《道德经》的背诵过程。一般情况下，给别人讲解所花的时间是自己背诵时间的3～5倍，至少要这么多。"

"哦，用以前的房间法记忆不是更快吗？"

"是的，但是房间法的一个最大的弊端就是如果我记不起这个内容当时放到哪个房间里去了，就不知道怎么处理了。"

"是的，我也曾经很担心这个问题。"小克说，"所以想知道还有没有更好的方法。"

"其实目前国内大部分的记忆流派都不太用上面这种文字桩。"恩说。

"说了半天，原来没人用啊！"小克不耐烦地说。

"他们不用是因为他们不会。"恩说，"我现在就让你看看国内大部分的记忆流派用什么样的文字桩。"

"最常见的文字桩：成语、古诗、谚语等文字桩。比如："

中英《南京条约》的内容及影响

内容：

1. 割香港岛给英国。

2. 赔款2100万元。

3. 开放广州、厦门、福州、宁波、上海五处为通商口岸。

4. 英商进出口货物缴纳的税款，中国须同英国商定。

影响：

1. 中国开始从封建社会逐步沦为半殖民地、半封建社会。

2. 是中国近代史的开端。

"我们先根据答案的条数来确定用几个字的成语或者名言、古诗。

"此题目答案有6条，再加上题干相当于7条，我们就找一句最熟悉的七律诗来作桩子，比如：日照香炉生紫烟。我们就把这句诗里的每一个字当作一个桩子使用。"

日：太阳

照：镜子

香：蚊香

炉：炉子

生：花生

紫：紫薯

烟：香烟

"我们再用上面的方法把题目和答案转化成相应的图像。"

题目：

中英《南京条约》内容及影响——条约（像圣旨或者古时的公文一样的东西）

内容：

1. 割香港岛给英国——割地图上的香港岛。

2. 赔款2100万元——钱、鳄鱼、眼镜。

3. 开放广州、厦门、福州、宁波、上海五处为通商口岸——地图上开5个孔。

4. 英商进出口货物缴纳的税款，中国须同英国商定——英文税票。

影响：

1. 中国开始从封建社会逐步沦为半殖民地半封建社会——沦陷（一座房子向下陷）

2. 是中国近代史的开端——近代史（历史书）

"和文字桩串联在一起。"

日：太阳——太阳上挂着一道圣旨，圣旨上画的是南京长江大桥。

照：镜子——把镜子摔碎了去割地图上的香港岛。

香：蚊香——蚊香点着了一沓钱，钱里趴着一只鳄鱼，戴着眼镜。

炉：炉子——炉子的火把地图上烧出了5个孔。

生：花生——一个巨大的花生，剥开后里面藏着一张英文的税票。

紫：紫薯——紫薯上有一座小房子，房子突然沦陷进了紫薯中。

烟：香烟——打开香烟盒，里面装着一本历史书。

"尝试着通过上面的文字桩和图像回忆原文吧。"

"这种方法似乎更简单啊！"小克说。

"是的，看起来是这样！"恩说，"但实际上这种方法经常会遇到一个问题。"

"什么问题？"

"就是后期回忆的时候，可能会整体性遗忘。"

"这怎么可能？"小克说，"再怎么也不至于整体性遗忘啊？！"

"因为如果很多的题目都是用古诗词来记忆的，那么一段时间之后，当你再看到这个题目的时候，你还能清楚地记得这个题目是用哪首诗来记忆的吗？"

"什么意思？没太明白。"

"就是说当你看到题目时，我提醒你'日照香炉生紫烟'，你可以轻松地回忆出答案的内容。"恩说，"但是如果我不提醒的话，你很有可能记不清当时用的文字桩是'床前明月光'，还是'白日依山尽'，这样你就没有办法回忆出答案了。"

"没有办法解决这个问题吗？"

"有，但是我个人感觉其稳固性不是特别好。"

"说来听听！"

"其实方法很简单，就是把题目和古诗都转换成一个意境，然后进行一个图像的联结。"

"在一个'日照香炉生紫烟'的仙境中，中英两国签订了《中英南京条约》，是这意思吧？"

"对。"恩说，"就是这意思。"

【注】目前国内较流行的文字桩在实际应用的时候，只用来记答案。也就是说本题答案有6条，那么只需要一个6个字的文字桩就可以了。我之所以把题目的内容也加进来单独占用第一个文字桩，就是为了加深题目和桩子的联结。除了上面小克所构建的那个场景的联结外，再加上第一个桩子和题目的联结，图像的稳固性就会增加很多，确保我们的记忆不会和其他的文字桩发生冲突和混淆。

"其实还有更牛的文字桩，想不想知道？"恩神秘地说。

"真没劲！"小克说，"折腾半天，原来还有压箱底的没拿出来。你无聊不无聊！"

"下面这个牛。"恩说，"先看需要记忆的内容。"

世界十大名著

1. 《战争与和平》 ［俄］列夫·托尔斯泰
2. 《巴黎圣母院》 ［法］雨果
3. 《童年》《在人间》《我的大学》 ［俄］高尔基
4. 《呼啸山庄》 ［英］艾米莉·勃朗特
5. 《大卫·科波菲尔》 ［英］狄更斯
6. 《红与黑》 ［法］司汤达
7. 《飘》 ［美］玛格丽特·米切尔
8. 《悲惨世界》 ［法］雨果
9. 《安娜·卡列尼娜》 ［俄］列夫·托尔斯泰
10. 《约翰·克里斯托夫》 ［法］罗曼·罗兰

恩拿出一张白纸，在上面写了大大的"记忆"二字，每个字都有手掌那么大。恩指着这两个大大的字对小克说："我们现在就在这两个字上找桩子吧！"

"字上怎么找桩子啊？"

"放大、放大、再放大！"恩说，"把这两个字在头脑中放大1000倍、10000倍，然后就可以在空白的区域找到很多的桩子了。"

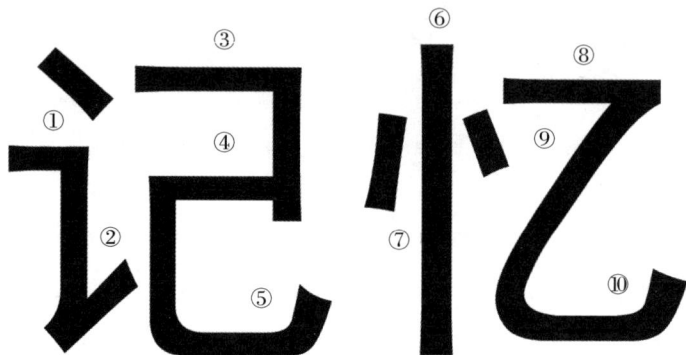

记忆

"这样的桩子能用吗？"小克问，"一点图像的感觉也没有。"

"没关系，挂上东西就有感觉了。"恩说，"你先用眼睛盯着这两个字，把刚才我们找到的10个点按顺序回忆一遍。"

小克努力瞪着纸上的"记忆"两个字。

"可以在眼睛看着字的情况下回忆出这10个点了吗？"

"没问题了，可是如果闭上眼睛回忆，稍微有点难度。"小克说。

"没关系，挂上图像就好了。开始转图："

世界十大名著

1. 《战争与和平》：一把枪

2. 《巴黎圣母院》：巴黎的标志物——铁塔

3. 《童年》《在人间》《我的大学》：三本书

4. 《呼啸山庄》：山、风、房子

5. 《大卫·科波菲尔》：世界著名魔术师的名字

6. 《红与黑》：面具，一半红、一半黑

7. 《飘》：云彩

8. 《悲惨世界》：人头落地

9. 《安娜·卡列尼娜》：一个女生拿着的一张卡裂开了

10. 《约翰·克里斯托夫》：一个男生，托着一个"福"字

"为了让印象更加深刻，可以用画简笔画的方式把内容直接画在桩子上。"

"现在用眼睛盯着上面的图，回忆一遍，加深印象。然后把文字上的图像去掉，再试着回忆一遍。"

……

"现在可以非常轻松地回忆10本名著的名字了吧。"

【注】如果要记忆每本书作者的名字，只需要用同样的方法将作者的名字进行谐音转图，然后和书名所转的图像联结在一起就可以了。

当然上面这个例子还有一个问题，就是需要把"世界十大名著"和"记忆"两个字联结在一起。方法和前面的文字桩是一样的。我们也可以直接在"世界名著"四个字或者"名著"两个字上找出10个点来当作桩子。读者自己尝试着记忆中国的十大名著。（世界十大名著和中国十大名著的版本各有不同，在此仅作例子使用。）

中国十大名著

1.《红楼梦》 [清]曹雪芹

2.《水浒传》 [明]施耐庵

3.《三国演义》 [明]罗贯中

4.《西游记》 [明]吴承恩

5.《镜花缘》 [清]李汝珍

6.《儒林外史》 [清]吴敬梓

7.《封神演义》 [明]许仲琳

8.《聊斋志异》 [清]蒲松龄

9.《官场现形记》 [清]李宝嘉

10.《东周列国志》 [明]冯梦龙

十大名著

【注】以上这种文字桩的应用灵感来自记忆宫殿的VIP学员，山东潍坊的王静老师。她在记忆宫殿成员集训时分享的一种方法让我有了灵感，设计出了这种非常方便而有效的文字桩。在此向王静老师表示感谢！

身体力行——用身体桩构建记忆宫殿

学校里来了一位新老师，长得非常漂亮。调皮的小克用手机偷偷拍了几张老师的照片，拿回家和其他学校的朋友炫耀。

晚上，小克又拿出照片显摆，林子也好奇，非要过去看看这个李老师到底漂亮到什么程度，能让一群小男生迷成这个样子。

照片不是特别清楚，但是小克抓拍到的这一瞬间确实很美，而且是一张标准的全身照，从头发到鞋子一览无遗。至于是不是传说中的那么漂亮，当小克问"阿姨，是不是很漂亮"时，林子只是淡淡一笑，说道："这张照片拍得不错，可以用来当身体桩。"

"身体桩？"小克不解地问。

"是的，其实最方便、实用的桩子就是我们的身体，也就是在我们自己身体的不同部位找出一些点当作桩子。"恩说完嘿嘿一笑，接着说，"当然，你也可以在李老师身上找桩子！"

"又没正经。"

"这可是我妈说的，你都听见了！"

"赶紧练习吧，时间不早了！"林子说，"我看你俩呀，就是贫嘴没够！"

说完，林子轻轻带上门消失了。

"好了，现在开始在你那美丽的李老师身上找桩子吧！"

"一边去，赶紧的！"小克有些羞涩地说。

身体桩，就是把人身体上的各个部分当作桩子。

在本书前半部分曾经讲到12个经典的人体桩。其实人体桩可以根据自己的实际需要找到更多。之所以很多的书上都习惯找12个人体桩，是因为我们常记的很多的知识点都不会超过12个。比如：十二星座、十二生肖、十二个月的英文单词。

"那我们今天尝试从李老师身上找到更多可以当作桩子的点。"恩说。

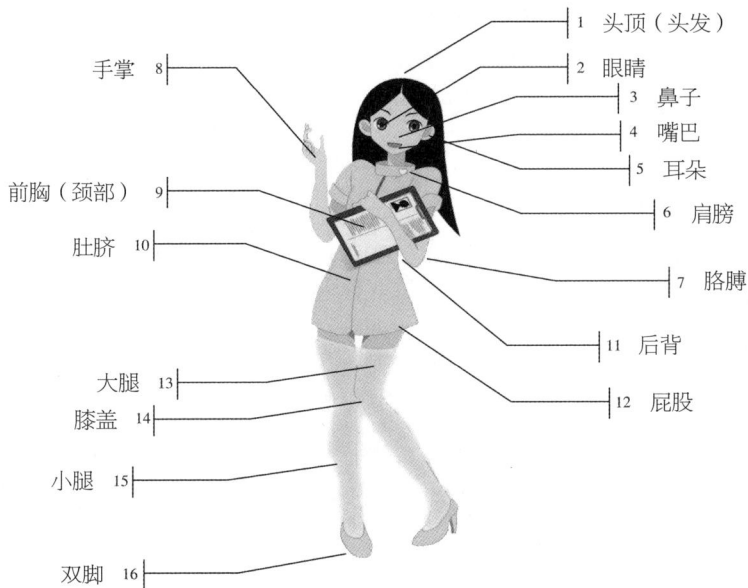

手掌 8	1 头顶（头发）
	2 眼睛
	3 鼻子
	4 嘴巴
	5 耳朵
前胸（颈部）9	6 肩膀
肚脐 10	7 胳膊
	11 后背
大腿 13	12 屁股
膝盖 14	
小腿 15	
双脚 16	

"这是我找到的16个桩子。"恩说，"如果还不够用，我们可以再往里加。比如，眉毛、牙齿、舌头，甚至这幅图里没有的眼镜、领带、腰带、手表、鞋子、女士的手提包等都可以用到。"

"原来还可以这样啊？！"

"是啊。"恩模仿李老师上课时的语调一字一句地说，"现在我们就用身体桩来记忆曹操的《观沧海》。"

"啪！"恩的脑袋被小克快速地拍了一下，恩躲了一下，没躲开。

观 沧 海

［魏］曹操

东临碣石，以观沧海。

水何澹澹，山岛竦峙。

树木丛生，百草丰茂。

秋风萧瑟，洪波涌起。

日月之行，若出其中。

星汉灿烂，若出其里。

幸甚至哉！歌以咏志。

【注】古诗词的转图和记忆方法，请参考本书下篇第一章。这首诗只有14句，我们把上图人体桩中比较容易混淆的"肚脐"和"膝盖"暂时去掉。

"李老师的身体将变成这个样子。"

头顶：一块碣石。究竟碣石是什么样子，同学们自己脑补吧。

眼睛：拿着望远镜。干吗？观沧海啊。

鼻子：澹澹（dàn dàn），谐音蛋蛋。鼻子上长了两个蛋，有点像马戏团的小丑了。

嘴巴：竦峙（sǒng zhì），谐音成松枝。李老师是饿急了吗？吃松枝做什么？！

耳朵：树木。两只耳朵里分别长出一棵树。

肩膀：百草。百草是什么草？我也不知道，只是两个香肩上都长满了草。

胳膊：萧瑟（xiāo sè）。一只胳膊绑一个乐器。记好了，是绑着。

双手：洪波，谐音是红波。两只手掌都发出红色的声波，怎么看怎么像是《巴啦啦小魔仙》里的人物。

前胸：日月。李老师心胸宽广，左边装一个太阳，右边装一个月亮。

后背：若出。若出可以直译为"如果出来"，我们可以想象一个跃跃欲试想探头的小脑袋。

屁股：星汉。屁股分两半，左边星星，右边女汉子。画到屁股上，当文身。

大腿：若出。又是若出，自己脑补一个夸张的画面吧！越反常态，记忆越深刻。

小腿：幸甚，谐音成杏和桑葚，挂在两条小腿上。怎么挂，用铁钩子，李老师的腿可是肉的啊！妈呀，疼！

双脚：歌咏。两只大脚趾在引吭高歌，还一唱一和，够卡通的吧！

【注】身体桩经常用来记忆十几个元素的信息。有时候我们还用它来记忆出门要带的东西，或者购物清单、一天的计划、备忘录等。

"身体桩可以有很多吗？"

"什么意思？"恩被小克问得有些莫名其妙。

"就是可以重复吗？"小克解释道，"就是说我的身体桩、你的身体桩、他的身体桩可以分别用来记不同的东西吗？"

"理论上是可以，但实际上在记的时候还是有一些难度的。"恩说，"你不要忘了，我们记忆的根本是图像。如果咱俩的身体上取的点是完全一样的，那么在记忆时，我的头顶和你的头顶上放置的不同东西就可能发生混乱。因为我俩头顶很相似，没有很大的区别，就像你把你的李老师换成另一个美女。"

"什么我的李老师，那不是你的李老师啊？！"

"好吧，我们的。嘿嘿！"恩笑笑，接着说，"如果换成另一个美女，还是用身体的这些部位，那么这些部位的轮廓是基本相似的。如果在同一个时间段用来记同种类型的信息，就更容易发生混乱。"

"那看来身体桩就这么多，是不能进行扩展和重复使用的了。"

"如果用来记忆不同类型的信息，就可以重复使用。不在同一个时间段使用，也可以用不同人的身体来进行记忆。比如，最常见的记忆手机号就经常使用身体桩，但是如果同时记忆10个或者更多人的手机号的时候，就有可能会发生混淆。"

"有什么办法扩充自己的桩子呢？"小克还是不死心，"我感觉人还是世界上最不缺少的东西，如果能用人来作桩子，那我们每认识一个人就可以多出几十个桩子啊。"

"想法很好，可惜人与人长得都是一个'人样儿'！"恩说，"区别只是高矮胖瘦和脸，但是这些都不是我们可以提取的桩子信息。我个人感觉意义不大。我倒是有一种其他的方法，你可以尝试。"

"什么方法？"

"就是把人体的这种方法扩展到其他的物品上。"

"其他物品？扩展到狗身上，狗体桩啊？！"小克坏笑。

"你还别笑，差不多就是这个意思。"恩说，"一只狗的身上至少可以找到五六个标志性的点来作为桩子。一只苍蝇，如果我们把它放大、放大、再放大，也可以从它身上找到十几个点来作为桩子。"

"哦，那只需要熟悉和认识大量的动物就可以了。"

"何止动物，植物也可以，没有生命的也可以啊。"

"这张桌子？！"

"谁说不行，就算是再简单的一张桌子，至少我们可以把它分成桌面上、桌面下、桌子腿这三个桩吧。"

"这也行！"

"其实生活中可以用来作桩子的东西太多了。有一样东西，我们可以从它上面找到几十个桩子，而且每个桩子都有非常明显的特点，和我们刚才说的人体桩非常相似。"

"什么东西？"小克问，"变形金刚？"

"是不变形的金刚。"

"啊？"

"汽车。"恩告诉小克。

【注】请读者自己尝试从下图的普通家用小汽车上找出可以用来当作桩子使用的点，也可以从自己家的车或者自己最熟悉的一辆上找出可以用作桩子的点。

多而不乱——如何管理我们的记忆宫殿

恩在努力培养小克收藏桩子的习惯。

"怎么收藏？"

"你每到一个地方，就习惯性地把周边的东西全部记在脑子里，后期当作桩子来用。"

"那我脑子里得记多少东西，我一天到晚去的地方多了。"小克说。

"是啊，但是对于那些非常有特点的地方，一定要记在脑子里保存下来，如果有条件，就用手机拍些照片回来，这都是以后难得的桩子素材。"

"手机拍照还可以。"小克说，"拿脑子记还是觉得很痛苦！而且当脑子里的地址越来越多的时候，不会乱作一团吗？"

"当然会，所以我们需要采取一些方法来管理这些地址。"

"怎么管理？编号吗？"

"不是不可以，编号也是一种很好的方法。"恩说，"关键看你怎么编号，编好号后怎么处理。"

"从1~100编号，一共100个房间，每个房间10个地址桩，这就是1000个地址桩。"

"是啊，听上去很简单，但是你怎样能记住每个编号的房间是哪个房间而不发生混乱呢？"

"这个……"

"这个……"恩说，"这个嘛，哈哈，牛不起来了吧？！"

"一边去！"

"好吧。"恩说，"我现在就教你多层定桩理论。"

"什么理论？这是搞数理化研究吗？"

"算是吧！"恩说，"这是John老师首先提出的一套理论体系，专门用于千桩甚至是万桩的管理。"

"万桩？"

"是的，只要你掌握了这种地址管理的方法，多少个地址在大脑中也不会发生混乱了。"

恩带着小克想象来到一个神秘的房间，这是个很奇怪的房间。房间的不同位置开了10扇门，有开在侧面墙上的，有开在地板上的，还有开在天花板上的，甚至连衣柜上、床上都有门。

恩说："你看到房间里的这些门了吗？每一个门都可以通往另一个房间。"

"为什么要设计这么多门呢？"

"因为我们可以随时到达另一个房间啊。"

"可是如何记住哪扇门到达哪个房间呢？"

"很简单，我们给每个房间安排一个主人，然后只要把主人的照片贴在门上就可以了。"

小克和恩轻轻推开衣柜上的门，走进了另外一个房间。这个房间是一家筷子专卖店，里面摆满了各种各样的筷子和相关商品。小克环视一周，然后退回到刚才的房间，又推开电脑显示屏上的门。

这次他们来到的是一间手术室，医生所用的手术台和相关的检测设备一应俱全。恩带着小克环视一周，然后从上面找到了10个可以作为桩子的点。

他们又退回了刚才的房间，依次推开了另外8个房间的门，参观浏览了一番。

站在房间中央，看着四周的门，小克觉得这就像一条条的时光隧道，可以让他和恩穿越到另外一个世界里。

"你现在明白什么叫多层定桩了吗？"恩问。

"有一点点明白了，不过还需要更详细地了解一下！"

"好，我来详细说一下。如下图中所示，我用记忆宫殿最经典的10个房间中的一个来说明这种'多层定桩理论'。"

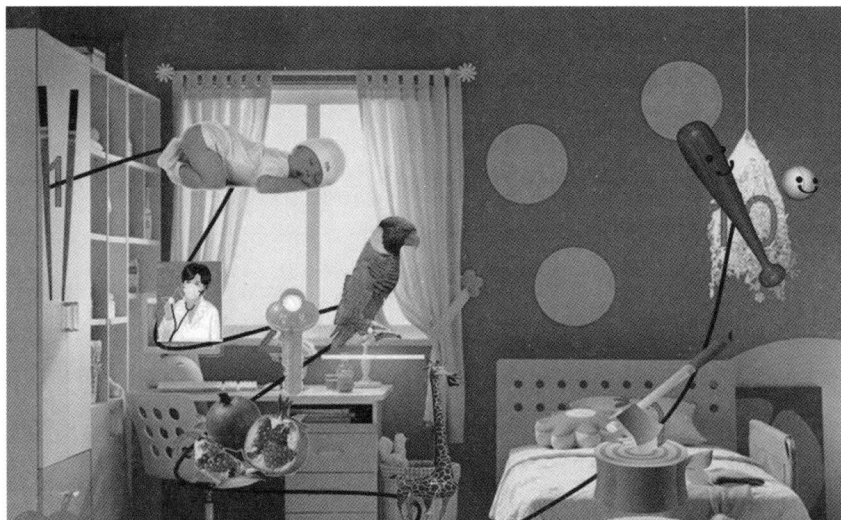

"这个房间里有10个地点，我们分别把11～19这10个数字对应的数字编码图像挂到这10个桩子。比如，第一个地点'衣柜'上挂了一双筷子，第二个地点'窗帘'上挂了一个婴儿，第三个地点'电脑屏幕'上挂了一个医生。我们可以想象在每个地点的位置都有一扇可以打开的门，只要我们轻轻一推，就能通过这个位置进入另一个房间里。

"再比如，通过衣柜，我们来到筷子专卖店（如下图）；通过电脑屏幕，我们来到了医生的手术室。

"在我们到达的新的房间里，我们依然可以找到10个固定的地点。

"这样，我们只需要10个房间，100个地点，就可以把100个数字编码的图像都固定在桩子上。然后我们就可以通过这100个桩子通往另外的100个房间，而且每个房间里都会有10个固定的地点。

"如果我们把最基本的这10个房间分别编号为1～10号，每个房间的地点我们就可以编号为11~99、01~10。这样一来，每个地点都有一个固定的编号。76号地点就是第7个房间的第6个地点，同时我们也知道这个地点上挂的图像就是76的数字编码'犀牛'。

"对于扩展出去的100个房间，每个房间都有一个主题。比如，11号房间就是筷子专卖店，56号房间就是蜗牛主题公园，92号房间就是篮球场（房间的主题分别对应房间号的数字编码图像）。

"我们再对扩展房间的地点进行编号，那么就相当于对1000个地址桩进行了统一的编号。如果要寻找第135号地址桩是什么，我们只需要找到13号房间的5号地址就可以了。如下图：13号房间是医生的手术室，5号地点是无影灯，所以第135号地点就是无影灯。"

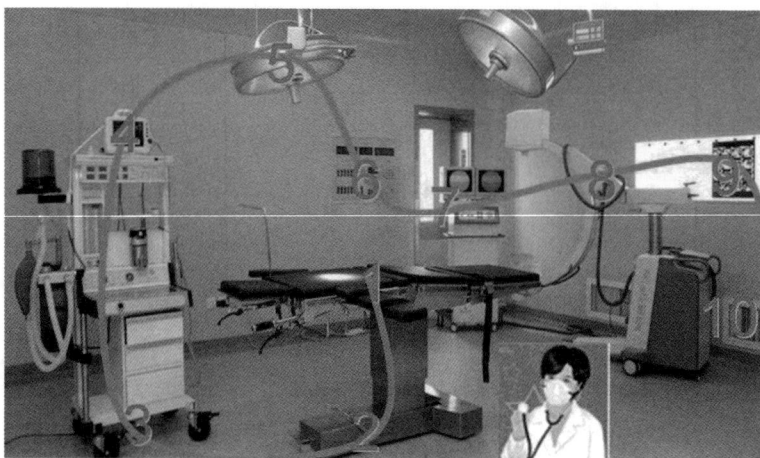

"这样，就可以轻松地管理1000个地点桩了。"

"可我还有个问题。"回到现实中的小克说，"刚开始的这10个房间，我们有没有好的办法编好顺序？"

"可以啊，其实不光这10个房间，我们还可以给更多的房间来定义一个标签。"

"标签是什么意思？"

"就是只要一提到这个标签，就能让我们快速回忆出这个房间的全貌。"恩说，"这个标签可以是一个人，可以是一件物品，也可以是一个场景。"

"具体怎么用？"

"是这样的……"

比如，我们用：大爷、二奶、三叔、四姨、五哥、六姐、七仙、八戒、九妹、十人，这10个非常有代表性的人物，来表示10个最经典的房间。其实就是给每个房间定义一个主人，然后我们通过想象把这个主人公的形象和房间的风格和布局联结在一起。

比如，我们一想到八戒就想到那个客厅，一提三叔的房间，就想到卫生间。因为八戒喜欢躺在沙发上看电视，三叔喜欢泡澡。

同样的道理，如果我们有自己的多米尼克编码系统，那就更好了。我们可以给100个人物每人安排一个房间。只要经过一段时间的记忆和复习强化，就能很快熟悉这100个房间和与之对应的1000个地点了。之后，我们把另外的1000个物品挂到这1000个地点上，比如，我们借用七田真的1000张大图（不知道七田真的1000张大图的读者请自行参考七田真的相关书籍），再去找1000个能与之匹配的房间，并在每个房间里找出10个固定的地点桩。这样我们就轻松地建立了自己的万桩系统。

"多长时间能够打造出这个万桩的记忆宫殿？"小克心急地问。

"如果你用心的话，一两个月就够了，如果不用心，可能几年甚至一辈子都打造不出来。"

"如果能把这个万桩的记忆宫殿打造出来，那也太牛了。"小克激动地说，"那样我岂不是轻松就能搞定40000位圆周率了？"

小克陶醉地闭上眼，仿佛自己已经建造好了万桩宫殿，正在里面神游呢！

【注】记忆宫殿10个经典房间及地点分配推荐图见作者微信公众号。

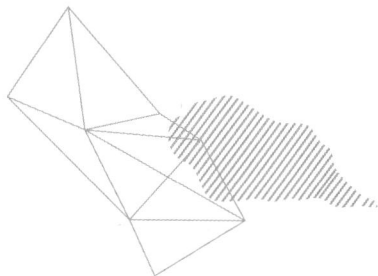

诗词歌赋的记忆

恩、小克、珊、素素四人做了两个约定。

一是，这次圆周率大赛，拿到奖的和成绩最差的要请另外两个吃饭。

二是，本学期成绩总分能提高50分的，大家请他吃饭；能提高100分的，他请大家吃饭。

四人讨论这事的时候是在林子的家。他们在恩的房间里很兴奋地讨论这事，林子和大玲在外面的客厅听得一清二楚。她们相视一笑，心里暗暗好笑又有些高兴。因为这约定至少说明孩子们对学习上心了。

这天的语文课上教了李白的《关山月》，下课后，范老师布置了背诵的任务。

关 山 月

[唐]李白

明月出天山，苍茫云海间。

长风几万里，吹度玉门关。

汉下白登道，胡窥青海湾。

由来征战地，不见有人还。

戍客望边色，思归多苦颜。

高楼当此夜，叹息未应闲。

"珊，你觉得我能记住吗？我这么笨！"

"你笨？"珊打断了素素，"谁告诉你的？！你要总把'自己笨'挂在嘴上，你就会真的越来越笨，你知道吗？"

素素噘着嘴不再说话。她的成绩一直在中上游，每次成绩都徘徊在班里十几名，虽然没有落后，但是也从来没有引起过任何老师和同学的注意。

"我不笨，可是也没你聪明啊？！"素素小声地嘟囔了一句。

"我聪明吗？"珊说，"好吧！那我告诉你，从小我爸爸就不断地对我说：'你是最棒的！你是最聪明的！你是最漂亮的！'所以，如果在别人看来我真的是很聪明的话，那我肯定是被我老爸的话给'催眠'了。"

"我妈的口头禅是'瞧你那笨样！'她很少表扬我，不管我做得多好。"

"那多好，多自由啊！"

素素听了，突然沉下脸来，不一会儿，感觉她的眼泪就要流出来的样子。

"还真伤心了？"珊给了素素一个大大的拥抱，"好了，别这么伤感好吗？据说这个世界上有一种神奇的力量，当你的注意力总是放在好的事情上，你就会变得越来越好。如果你的注意力总是放在自己的不幸、悲哀和缺点上，你就会越来越失败，当然心情也会越来越差。"

素素抿了一下嘴，抬头看了珊一眼，没有说话。

"好了，别想这些没用的事了。"珊说，"我现在教你背诗。"

古诗词的记忆一般是通过桩子来记，这是最简单、易行、高效的记忆方法。还记得记圆周率可用桩子吗？记古诗词也要用到桩子。如果是长篇，比如《道德经》《弟子规》《千字文》等，包括《琵琶行》《长恨歌》这样的中篇，我们一般是采用实景桩或者虚拟桩。而对于短篇的，比如，一首诗或者一篇文章，我们经常采用文字桩或者图画桩。

"今天我们就用图画桩来记这篇《关山月》，咱们先根据内容来画一幅画。"珊说。

"可我不会画画啊，真羡慕你画也画得这么好！"

"素素，我们用于记忆的画不需要画得好看，只要能把意思画明白，把有特

点的地点画在图上就可以了。"珊一边安慰一边解释道，"我们只是借助画画的形式在大脑中构建一种场景。"

珊开始根据《关山月》原文的意思，在纸上画起了简单的线条。

"珊姐，你画的这些内容好像和诗的原文也没有太多的关系啊？"

"我现在只是在构建场景，唯一有关系的就是图中的三个元素：关、山、月！"

"你的意思是可以不用考虑原文的意思来构图吗？"素素问。

"是的，可以不考虑。我们画图的原则是：能够根据诗的题目回忆起自己所构建的这幅画的每一个细节，也就是上面的每一个地点。"

"哦，但是这样随意画的场景我们不会忘掉吗？"

"时间长了也会忘，但是只要我们按艾宾浩斯遗忘曲线的规律拿出来复习一下，就不会忘了。"（关于遗忘的内容请参照本书前半部分。）

"看你画画真轻松！"素素羡慕地说。

"画在纸上的再轻松、再好看也没有什么用，这些都是辅助。"珊认真地说，"我们构建在大脑中的场景能清晰、牢固才是根本。"

素素若有所思地轻轻点了点头。珊说："我们现在开始在这幅图上找地点吧。"

"这首诗一共12个短句，我们就从图上找12个点来当作地点。"

"你是不是在画图的时候就已经考虑好了正好要画12个地点呢？"素素问。

"不是。没有那么厉害，画图的时候只是考虑大概有多少个地点，画完之后再去图上找可用的点。"珊解释道，"其实如果需要的话，我们在这幅图上还可以再找几个可用的地点。"

"啊？我觉得已经满了呀！"

"拆分啊！"珊解释道。

渔夫分成两个点：人和船。

甚至可以分为三个点：人、船、钓竿。

房子可以分为四个点：门、窗户、房顶、烟囱。

同样，如果地点还不够用，可以把树再分为两个点：树冠和树干。

"这样无穷地分下去，我感觉脑子里有些混乱。"

"是的，所以如果只是少一两个地点，可以这样拆分。"珊说，"但是如果缺的地点很多，最好的解决办法是在图上再画一些新的元素进去，这样就不担心混乱了。"

"比如，在天上画只飞翔的鸟？在房子前面画个玩耍的孩子？"

"就是这意思！"珊点了点头说，"好了，现在我们来快速地过一遍地点吧。"

关口（就是大牌楼门）→卫兵→马（虽然画得很像一条狗）→远处的山→天上的月亮→三角形的旗帜→山顶上的亭子→很小的一片湖水→垂钓的渔夫和船（也不太像）→房顶→房门→一棵孤零零的树

"第二遍过桩（回忆地点）的时候需要加快节奏，不要在意这些细节了。"

门→卫兵→马→山→月亮→旗帜→亭子→湖水→船→房顶→房门→树

"再加快一点节奏，并沿着这条路径快速地画一条线出来。"

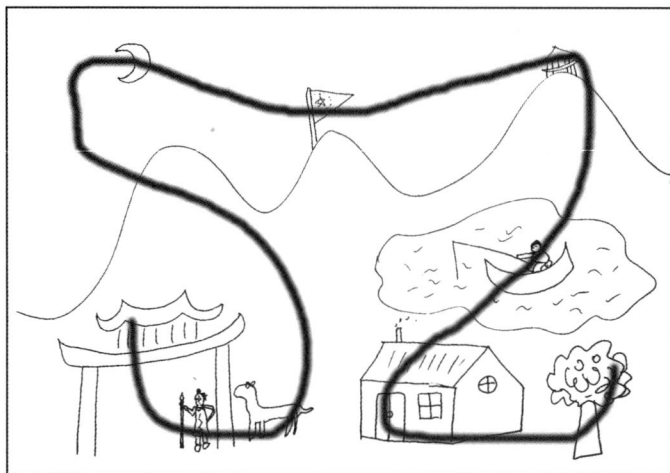

"你现在尝试沿着这条曲线快速地过一遍12个地点！"

"多快叫快？"素素问。

"能多快就多快，最好是不到1秒！"

"不到1秒？！"素素吃惊地说。

"是的，不到1秒！"珊非常肯定地重复了一遍刚才的话。

"天呐，我估计我做不到！"

"你还没做怎么就知道你做不到？"珊说，"你只需要练习六七遍就可以达到这个效果。"

第一遍：眼睛看着图，按顺序过一遍12个地点，30～50秒。

第二遍：闭上眼睛，按顺序过一遍12个地点，20～30秒。

第三遍：在大脑中形成刚才的曲线，快速地过一遍12个地点，10～15秒。

第四遍：加快速度，尽量抛弃声音，快速地过一遍12个地点，3～5秒。

第五遍：再次加快速度，曲线轮廓更清晰，快速地过一遍12个地点，2～3秒。

第六遍：曲线轮廓非常清晰，12个地点可以浮现在曲线上。这时候过一遍的时间就会少于1秒。

"这个过程虽然说起来很麻烦，实际训练和应用的时候，我们可能只需要一两分钟的时间就够了。"珊说，"关键是我们要习惯这种节奏，习惯在大脑中构建场景的过程。"

"是不是对这些地点越熟悉，记忆古诗词的时候速度就越快？"素素问。

"这不仅是速度快慢的问题，还是记忆图像清晰度的问题。"珊说，"地点桩就好比我们家里的家具。只有把家具摆放在一个固定的位置，很多零散的物品在摆放的时候才容易进行分类。如果家里没有家具或者家具摆放得特别混乱，那么要想把家收拾得井井有条似乎是件不可能的事。"

"我明白为什么叫记忆宫殿了，就是先把每个房间规划好，再把每个房间里面的家具摆放好。"素素兴奋地说，"当房间很多的时候，我们就可以按照某种规则把房间摆放在一起，就像一座大的宫殿一样！"

"太对了！有了这宫殿，我们就可以把想保存的物品放置到里面了。现在教你古诗词七步记忆法。"

读准——译文——关键字——转图——定桩——回忆——速听

第一步：读准。

就是读准每一个字的发音，特别是生僻字和多音字，包括每个字的声调也要读准，这样才能为后面的谐音出图打下基础。

第二步：译文。

就是理解原文的意思。这一步可以借助书上或者网络上的翻译。古诗还好，对于《道德经》这种长文章，很难理解原意，我们可以参考一些别人的翻译。当然，没有必要理解得太深，因为有些东西短时间内甚至一辈子也理解不透，我们只需要理解它的大体意境就可以了。

第三步：关键字。

就是把最能代表这句话意思的一个字或者几个字挑出来，用来帮助记忆整句的内容。比如，"明月出天山"，我们就挑"明月"作为关键字。只要我们想到"明月"，就能自然地想起"明月出天山"这一句诗。

现在试着把每一句的关键字找出来。

明月出天山：明月

苍茫云海间：云海

长风几万里：长风

吹度玉门关：＿＿＿＿＿＿

汉下白登道：＿＿＿＿＿＿

胡窥青海湾：＿＿＿＿＿＿

由来征战地：_____

不见有人还：_____

戍客望边色：_____

思归多苦颜：_____

高楼当此夜：_____

叹息未应闲：_____

第四步：转图。

这一步是关键。不管是古诗还是古文，在出图的时候，我们常用两种方法。

一种是关键字出图，就是把最能代表文章意思的或者是最能帮助我们回忆起原文的一个字或者几个转成图。

现在，试着把每一句根据关键词转成一个图像。

明月出天山：明月

苍茫云海间：云海

长风几万里：长风

吹度玉门关：吹肚

汉下白登道：汗下

胡窥青海湾：胡子

由来征战地：游来

不见有人还：布剑

戍客望边色：舒克

思归多苦颜：死龟

高楼当此夜：高楼

叹息未应闲：叹息

这是一种简单易行的办法，就是把每句诗的前两个字直接拿出来谐音。这种方法便于操作，但有时候不容易帮我们回忆起后面的几个字。

另一种是原文意境直接出图。这类似于做虚拟词语转图的时候所用的潜意识出图法。比如，"不见有人还"的意思就很好理解，可以想象这样一幅画面：一位老人站在村口等他的孩子们回来，可是等啊等，也不见有一个人回来。可以在大脑中构建出一个老人来回走动、焦急等待时无奈、失望而又不甘心的那种神态。

这种出图方式的前提是必须理解原文的意思。在记忆类似《三字经》《弟子规》《千字文》这些脍炙人口的经典时，这种方式显得特别高效和实用。

　　所以在构图的过程中，对于那些非常好理解的脍炙人口的名句短句，或者那种读一遍就能记下来的短句，建议使用直接出图的方法。而对于那些晦涩难懂而且第一次读的时候感觉有些拗口的陌生句子，建议使用谐音的方法。

　　第五步：定桩。

　　为了更好地在大脑中形成非常清晰的图像，我们可以想象着把构思出来的图像挂到这张地点图上。

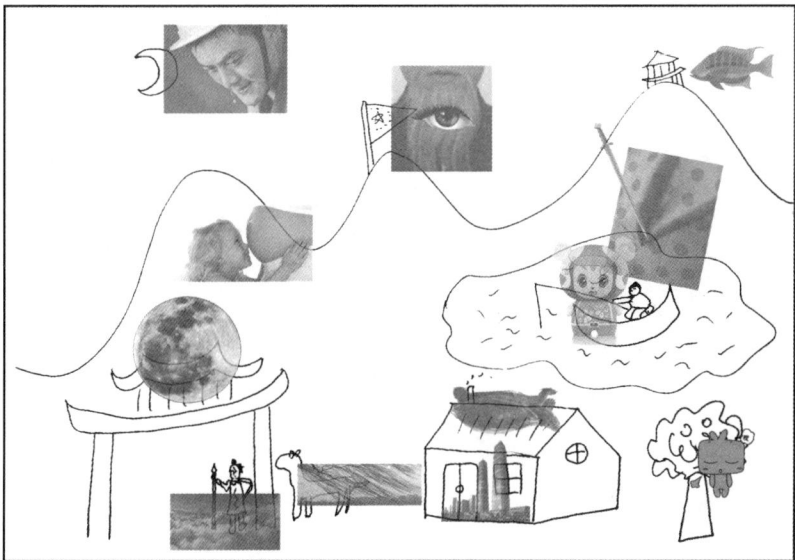

　　好了，现在我们来一起回忆已经构建好的图像吧。

　　门——一轮明月从门楼上慢慢升起

　　卫兵——一团似云似雾的白色云团包围着士兵

　　马——风刮得马身上的鬃毛飘得几万里长

　　山——山上有张大嘴对着肚子吹气

　　月亮——月亮在一滴滴地流汗，滴到下面的一条白色的小路上

　　旗帜——旗帜下面长了胡须，胡须里有只眼睛在偷看远处的湖水

　　亭子——一条鱼沿着山岭一直游到最高点，占领了军事要地

　　湖水——湖水中插着一把布剑，一个老人站在湖水中期待地望着远方

　　船——舒克在渔船上抢别人的鱼竿，眼睛却望着旁边

　　房顶——房顶上有只死乌龟，身上撒了好多又苦又咸的盐

　　房门——透过房门，我们能看到屋里有一座高楼的模型，在夜晚放着光

树——树上有个人一边叹气一边喂鹰

"珊，你似乎并不是完全按照你挑选出来的关键字出的图啊？"素素问。

"是的，关键字只是帮助我们快速地回忆起图像，其实就像是一个标签。"珊说，"在实际出图的过程，我们还要灵活地运用。"

比如，"不见有人还"，我们随便扔一个图像就可以。因为这一句不需要其他信息的辅助就能记住。

但是有些句子如果只是放一个关键字的图像，其余的三个字在回忆的时候可能容易忘记。

比如，"思归多苦颜"这一句，如果图像只是一只死龟，那么在回忆的时候经常是只能回忆起"思归"，但是后面的内容是什么？这就需要配合声音记忆，即反复地诵读才能完成。

所以，为了更快地实现记忆的目的，我们对图像内容稍加丰富，就能节省很多的时间和精力。

第六步：回忆。

构建好图像后，尝试在脑海中回忆每个地点的图像，同时小声地读出原文。

门楼——一轮明月升起——明月出天山

士兵——一团白雾围绕着——苍茫云海间

马——马鬃被风吹起——长风几万里

山——一张嘴在吹——吹度玉门关

月亮——向下滴汗珠——汉下白登道

旗帜——胡须里长眼睛——胡窥青海湾

亭子——一条鱼游上来——由来征战地

湖水——一个老人——不见有人还

渔船——舒克抢鱼竿——戍客望边色

房顶——一只死乌龟——思归多苦颜

房门——发光的高楼沙盘模型——高楼当此夜

树——一个人叹气喂鹰——叹息未应闲

如果能够根据图像回忆出原文，就加快回忆的速度，快速地按顺序在大脑中过一遍图像。

门楼——明月

士兵——白雾

马——风吹

山——吹肚

月亮——汗珠

旗帜——胡须

亭子——鱼

湖水——布剑

渔船——舒克

房顶——乌龟

房门——高楼

树——叹气

第七步：速听。

"我们是不是就剩下最后一步了？"

"对。最后一步是速听。"珊说，"像这样的短文，我们完全可以省略掉这一步。因为文章太短了，我们照着原文快速地读几遍就搞定了。像这么短的诗，快速地小声读，一分钟至少可以读三遍！"

"那读多少遍才有效果？"

"这个没有严格的限制，其实速听的过程不是让我们去认真地听、认真地记，"珊解释道，"而是让大脑从中解脱出来，只让耳朵去听原文。我一般是借助复读机、电脑或者手机的功能来实现。"

"现在应该明白为什么在一开始的时候要求'读准'了吧？开始正式朗读之前先预习一下，看看有没有生僻字或者容易读错的字。如果有，查字典并标记出来，然后用标准语速认真读一遍。如果手头上有设备的话，同时进行录音。

"完成了前面的五步以后，就可以把那个录音打开，循环播放。这时候我们可以完全放松下来，可以边健身边听，边走路边听，边吃饭边听，甚至边看课外书边听。只要这个声音不干扰你做其他的事情，你就让这个录音在那里嗡嗡响吧。"

"可我的注意力根本不在这上面，有什么用？"素素不解地问。

"这就是这种方法神奇的地方。"珊说，"当某种声音不断重复的时候，耳朵自然记住了这段发音。这和小孩子记儿歌一个道理。"

"但是我们还有其他需要记忆的内容啊！不可能一晚上都在听一首诗吧？！"

"我们可以借助软件进行加速播放！"珊说，"我管这个过程叫速听！"

"什么是加速播放？"

"你听听我电脑里的播放效果就知道了。"

【注】建议大家去找一些方便加速播放的音频或者视频播放器。在录好音后分别以1.5倍、2.0倍、2.5倍、3.0倍或者更高的倍速去播放，这就等于用同样的时间听了两遍甚至三遍。对于英文的课文，可以去下载英文原声录音，这样还可以省掉自己录音这个过程。

"其实还有一步，这一步严格地讲是一种状态。"珊说，"因为只有达到了这种状态，我们才算是真的记住了、记牢了。"

第八步：脱桩。

"什么是脱桩？"

"就是令我们记忆的内容和记忆时所用的地址桩子脱离开。"

"脱离开？"

"是的，需要我们长期记忆的内容，特别是需要反复使用的内容，最终都要脱桩。"珊说，"也就是说，等我们对内容熟悉到一定程度，不再需要地点桩和上面辅助的图像，就能自然地回忆起原文的内容了。这时就算是脱桩了。"

"不会再忘了吗？"

"是的。比如，我们利用图像加桩子的方法记住了一个人的手机号，之后我们经常拨打这个手机号，我们就会牢牢地记住这个号码了。好了，现在一边在脑子里过桩子和图像，一边再把这首诗的原文在大脑中过一遍。"

关 山 月

明月出天山，苍茫云海间。

长风几万里，吹度玉门关。

汉下白登道，胡窥青海湾。

由来征战地，不见有人还。

戍客望边色，思归多苦颜。

高楼当此夜，叹息未应闲。

第二天，离上课还有5分钟左右，全班同学都在紧张地复习昨天晚上背的《关山月》，教室里像有一群苍蝇在飞，还有个别的同学背诵的声音大得有些夸张。

恩很讨厌这样的学习环境，讨厌一群人嗡嗡嗡地背书。

小克有些得意洋洋，因为用了记忆宫殿的方法，他已经把这首诗熟记在心了。他有点得意忘形地在教室里东张西望，恨不得有人问他怎么不复习。

素素虽然已经记得很熟了，但她还是拿出昨天晚上珊帮她画的图和原文，很认真地在脑海中回忆了一遍原文。

而珊一直是那么淡定，她专心地看着手中的数学课本，似乎旁边琅琅的读书声与她不在一个空间里。

"第一节是数学课吗？"

坐在后排的小克瞟见了珊手里的数学书，小声地嘟囔一句。

范老师进来了，随着一阵稀里哗啦地收拾东西的声音，珊淡定地把数学书合上。

范老师根本没有提检查背诵《关山月》的事，直接讲起了新课。全班同学如释重负，猜想老师是不是忘了。珊神秘地一笑，心想："你们等着吧，别高兴太早了！"

今天讲的课文是《桃花源记》，同样要求全文背诵。下课前范老师还略带幽默地问了句："我今天都忘记提问了，昨天要求背诵的古诗都背熟了吗？"

"背熟了！"一群人懒洋洋地答道。

"好，我信你们，今天就不检查了，明天一起检查。"范老师说完就离开了教室。

没想到接下来几天，范老师故技重施，一直没有检查背诵。

素素问："老师会一直这样吗，光打雷不下雨？！"

"我建议你今天晚上把所有内容复习好，特别是最长的那篇《桃花源记》。"珊说，"我感觉明天老师要动真格的。"

"为什么？"

"直觉！"

在恩家里，小克和恩也正在谈这个话题。

"不用背了吧？反正老师不检查！"小克懒洋洋地说。

"圆周率也没人检查啊，你都记了1000多位了。"恩说。

"那是因为我要参加比赛！"

"然后呢？"恩说，"得了冠军又如何？得不了又如何？"

"我要证明我的实力！"小克不服气地说。

"好啊。"恩说，"一个圆周率比赛的冠军得主，语文考试倒数第一，而且在课堂上让老师提问时哑口无言！好强悍的实力啊！"

"行行行，你牛！"小克不耐烦地说了句。

"你俩乐啥呢？"林子敲了敲恩的房门，问道。

"阿姨没事！"小克隔着门板喊了一句。

"没事这么乐啊？！"林子随口应了一句。其实林子对他们的话题根本不感兴趣，她只是想用这种方式提醒两个孩子，该学习学习，该训练训练，不要把太多的时间浪费在斗嘴上。

屋里安静了下来，看来效果不错。林子很庆幸因为自己的一些改变而让孩子的行为习惯发生了改变。如果换作以前，自己就算不冲孩子发一通脾气，也会对他们讲一大堆道理。

其实，最有效的方法，就是让孩子自己去觉察、反思，然后改变。

"这么长的古文的记忆方法和《关山月》这样的短文一样吗？"小克问。

"原理差不多，只是更多的要使用潜意识出图的方法。"恩说，"因为古文虽然没有诗那么整齐对仗，但是读起来也算是合辙押韵、朗朗上口。但不一样的是，句子的长短不一，所以给记忆带来了一定的难度。"

"那我们记忆的时候，每个地点放多少合适啊？"

"一般不要太长，我的习惯是10～20字。如果有特别简单的容易记忆的句子，可以再稍微长一点。我的处理习惯是：以文章中的句号作为标准，短句放一个地点，长句分成两句放两个地点。"

"哦，很短的还可以两个短句放一个地点。"小克调皮地说，"对吧？我聪明吧？！"

"聪明！"恩拿起小克的语文书递到他手里说道，"来！聪明人，先把原文认真读上三遍！"

"这么长你要我给你读三遍？"

"好！不用给我读了。"恩换了语气说道，"请你认真地给你家里慈祥的妈妈和学校里敬爱的老师读三遍！"说完，恩一脸无辜地盯着小克。

小克瞥了恩一眼，一把夺过了语文课本。

【注】请读者与主人公一起，认真读三遍。

桃花源记

[东晋]陶渊明

晋太元中，武陵人捕鱼为业。缘溪行，忘路之远近。忽逢桃花林，夹岸数百步，中无杂树，芳草鲜美，落英缤纷，渔人甚异之。复前行，欲穷其林。

林尽水源，便得一山，山有小口，仿佛若有光。便舍船，从口入。初极狭，才通人。复行数十步，豁然开朗。土地平旷，屋舍俨然，有良田美池桑竹之属。阡陌交通，鸡犬相闻。其中往来种作，男女衣着，悉如外人。黄发垂髫，并怡然自乐。

见渔人，乃大惊，问所从来。具答之。便要还家，设酒杀鸡作食。村中闻有此人，咸来问讯。自云先世避秦时乱，率妻子邑人来此绝境，不复出焉，遂与外人间隔。问今是何世，乃不知有汉，无论魏晋。此人一一为具言所闻，皆叹惋。余人各复延至其家，皆出酒食。停数日，辞去。此中人语云："不足为外人道也。"

既出，得其船，便扶向路，处处志之。及郡下，诣太守，说如此。太守即遣人随其往，寻向所志，遂迷，不复得路。

南阳刘子骥，高尚士也，闻之，欣然规往。未果，寻病终，后遂无问津者。

"现在开始对原文进行分节，看看需要多少个地点来存储这篇文章！"恩说完，拿起铅笔开始在小克的语文书上直接划分起来。

01：晋太元中，武陵人捕鱼为业。

02：缘溪行，忘路之远近。

03：忽逢桃花林，夹岸数百步，中无杂树，

04：芳草鲜美，落英缤纷，渔人甚异之。

05：复前行，欲穷其林。

06：林尽水源，便得一山，山有小口，仿佛若有光。

07：便舍船，从口入。初极狭，才通人。

08：复行数十步，豁然开朗。

09：土地平旷，屋舍俨然，有良田美池桑竹之属。

10：阡陌交通，鸡犬相闻。

11：其中往来种作，男女衣着，悉如外人。

12：黄发垂髫，并怡然自乐。

13：见渔人，乃大惊，问所从来。具答之。

14：便要还家，设酒杀鸡作食。

15：村中闻有此人，咸来问讯。

16：自云先世避秦时乱，率妻子邑人来此绝境，

17：不复出焉，遂与外人间隔。

18：问今是何世，乃不知有汉，无论魏晋。

19：此人一一为具言所闻，皆叹惋。

20：余人各复延至其家，皆出酒食。

21：停数日，辞去。此中人语云："不足为外人道也。"

22：既出，得其船，便扶向路，处处志之。

23：及郡下，诣太守，说如此。

24：太守即遣人随其往，寻向所志，遂迷，不复得路。

25：南阳刘子骥，高尚士也，闻之，欣然规往。

26：未果，寻病终，后遂无问津者。

划分完毕，小克问："这种文章怎么形成图像最简单？"

"关键字和潜意识出图。"恩说，"如果是短句并且好理解的，就直接潜意识出图。如果句子比较拗口，或者句子很长，就找出关键字，然后出图。"

"找关键字有什么技巧？"小克问，"我看过有些书上讲，找关键字有点像语文中的语法，要把句子划分成主语、谓语、宾语，然后把句子中修饰用的词语全部去掉，只留下最能表达句子主要意思的部分。"

"原则上是这样，但我不完全赞同这个观点！"恩说。

"为什么？"

"因为我们找关键字的目的是帮助记忆而不是按语法做句子结构的分析。"恩说，"所以，还是那个原则：能够更好地帮助我们记忆的就是最合适的。"

"记忆黄金法则之一：有效果比有道理更重要！"

"是的，有时候我们找到的关键字只是这句话中的一个修饰词，但是这个词很有特点而且非常容易形成鲜明的图像，我们就用这个词。"恩说，"因为这个图像的清晰度高，可以非常轻松地帮助我们回忆起文章的原文。"

"明白了。我来试一下。"

【注】下面的过程是找关键字和出图同步完成了。在实际记忆的过程中，请读者不要忘了我们的七步记忆法：

读准——译文——关键字——转图——定桩——回忆——速听

01：晋太元中，武陵人捕鱼为业。

出图：金太圆，武林。

金太圆中有一武林人捕鱼。

02：缘溪行，忘路之远近。

出图：圆西行，望路。

一条小溪水，旁边是一条路伸向远方。

03：忽逢桃花林，夹岸数百步，中无杂树，

出图：呼风，夹，钟。

风吹桃花，桃花上有夹子，上面夹着钟。

04：芳草鲜美，落英缤纷，渔人甚异之。

出图：草，落，渔人。

杂草上有落叶，渔人露出很吃惊的表情。

05：复前行，欲穷其林。

出图：付钱，穷。

渔人付钱，然后走向森林深处。

06：林尽水源，便得一山，山有小口，仿佛若有光。

出图：直接按原意出图。

07：便舍船，从口入。初极狭，才通人。

出图：直接按原意出图。

08：复行数十步，豁然开朗。

出图：直接按原意出图。

09：土地平旷，屋舍俨然，有良田美池桑竹之属。

出图：土地，屋舍，良田美池桑竹。

直接想象出景色出图。

10：阡陌交通，鸡犬相闻。

出图：铅，墨，鸡犬。

铅笔和墨水旁边分别站着鸡和狗。

11：其中往来种作，男女衣着，悉如外人。

出图：往来，衣着，外人。

一群穿着奇怪衣服的人在种地。

12：黄发垂髫，并怡然自乐。

出图：黄发，自乐。

一个黄头发的人在傻笑。

13：见渔人，乃大惊，问所从来。具答之。

出图：直接按原文的意思出图。

14：便要还家，设酒杀鸡作食。

出图：请柬，酒菜。

给渔人一张请帖，然后去吃酒席。

15：村中闻有此人，咸来问讯。

出图：村，闲。

村里一堆闲人跑来问啊问。

16：自云先世避秦时乱，率妻子邑人来此绝境，

出图：避，妻子一人。

战争，然后带着妻子一个人在前面跑。

17：不复出焉，遂与外人间隔。

出图：不复出，间隔。

关上门，然后一圈很高、很高的围墙。

18：问今是何世，乃不知有汉，无论魏晋。

出图：何世，汉，魏晋。

一张历史年表上一个大问号，上面有汗珠（汉）和围巾（魏晋）。

19：此人一一为具言所闻，皆叹惋。

出图：巨盐，碳碗。

此人抓了把巨盐，放进碳碗里。

20：余人各复延至其家，皆出酒食。

出图：赴宴。

很多人去赴宴，都自己带着酒和吃的。

21：停数日，辞去。此中人语云："不足为外人道也。"

出图：停，辞，语。

渔人停下来告辞，说不要告诉别人。

22：既出，得其船，便扶向路，处处志之。

出图：挤出，船，扶，志。

渔人挤出桃花源，找到船，扶着路边的树，在上面做标记。

23：及郡下，诣太守，说如此。

出图：及，诣，说。

渔人到了某个衙门，拿着类似圣旨一样的东西对官爷说。

24：太守即遣人随其往，寻向所志，遂迷，不复得路。

出图：遣人，寻，迷。

派一堆人跟着走，寻找标志，然后就迷路了。

25：南阳刘子骥，高尚士也，闻之，欣然规往。

出图：南阳，高，闻，规。

南阳某人很高，闻了闻，开始规划去的路线。

26：未果，寻病终，后遂无问津者。

出图：喂果，病，后随。

因为喂了个苹果，结果病死了，后面跟着一群不闻不问的人。

"我们从下图中找到可用的桩子。"

船——大海——孩子——树——石壁——洞口——树——吹笛子的人——打伞的人——草堆——路灯

"一张图不够，再找一张，凑足26个可用的地点桩。"

石头——水里的花——鸟——芦苇——壶——人——房子侧面——房顶——远处的树——路灯——人——石头——桃树——草地——人

"好了，现在先把这26个地点在大脑中过一遍吧。"

船——大海——孩子——树——石壁——洞口——树——吹笛子的人——打伞的人——草堆——路灯

石头——水里的花——鸟——芦苇——壶——人——房子侧面——房顶——远处的树——路灯——人——石头——桃树——草地——人

"现在就是最重要的时刻了，我们需要从那条船开始，把26个场景的图像分别安置到挑选出来的26个地点上。"

1. 船：船上有个金色的圆环，里面有个武林高手在捕鱼。

2. 大海：大海里有一条小溪水，旁边是一条路伸向远方。

3. 孩子：风吹孩子头顶上的桃花，风桃花上有夹子，夹子上夹着一个钟表。

4. 树：桃树干上长满了草，桃花落下来，落到树下的渔人身上。

5. 石壁：石壁上有个卖票的窗口，付钱后，走向森林深处。

6. 洞口：放一把尺子到海边，表示临近水源的意思。

7. 树：把船绑在树上，然后转身进旁边的口。口很小，使劲往里挤。

8. 吹笛子的人：边吹笛子边向前走了数十步。

9. 打伞的人：脚下的空地上有土地、房屋、良田美池桑竹，自己脑补画面吧。

10. 草堆：拿着铅笔的鸡和拿着墨汁的狗在草堆上面跑。

11. 路灯：路灯下一群男女穿着奇怪的衣服在种地。

12. 石头：有个黄头发的人坐在石头上面傻乐。

13. 水里的花：有个人吃惊地张大嘴巴问你哪来的。

14. 鸟：一只鸟叼着请柬，一只鸟叼着酒菜。

15. 芦苇：一堆闲人跑到芦苇丛中问这问那的。

16. 壶：壶里有人在和秦始皇打仗，外面有人率领妻子一人来到壶嘴处。

17. 人：用一圈围墙把这个人围了起来。

18. 房子侧面：贴一张大地图，上面一个大问号，旁边还画着好多的汗珠和围巾。

19. 房顶：拿着巨大的一碗盐向外倒，下面接着一个碳碗。

20. 远处的树：树上下来好多人都邀请渔人去吃饭。

21. 路灯：渔人停在路灯下数日辞去。别人还趴到他耳朵上要说保密。

22. 人：渔人从两个人中间挤出来，去找船，然后扶着路边，边走边吱吱。

23. 石头：石头上有个衙门，渔人拿出圣旨来向上报告。

24. 桃树：太守派了一堆人去找寻找标志，结果迷路了，没找到。

25. 草地：刘子骥坐在草地上规划。

26. 人：喂了个苹果，死了。后边再也没人来问了。

"好了，现在可以回忆这26个桩子和上面的图像了。"

"先看着上面的图回忆一遍，然后闭上眼睛回忆一遍。这两遍回忆可以只回忆图像，不用回忆原文的内容。第三遍回忆的时候，就要一边回忆图像，一边回忆原文了。"

"原文不能一字不错地回忆出来怎么办？"

"那就看你是回忆不出来还是回忆的内容错误。"恩说，"这是有区别的。"

"都有，有些回忆不起来，有些是错字或者漏字。"

"如果错字，特别是读音错误，这就又回到我们开始的问题了，就是要求第一遍读的时候必须读准发音。如果你在第一次朗读的时候就发音错误或者有错字、漏字，那后期记错就是很正常的事了。"

"不错才不正常呢！"恩补充了一句说，"这说明第一印象非常重要。"

"如果总是在同一个地方出同样的错误怎么办？"小克问。

"如果总是在同一个地方出现同样的错误，最好的补救办法就是对容易出错的字或者单词增加一个额外的图像，挂在原有的图像上面，并且在读和回忆的时候，每次遇上这个字或者单词，都加重语气去读。这样反复几次，就不会再错了。"

"那图像岂不是越来越复杂了？"

"如果你的声音记忆能力足够强大的话，你只需要在出错的地方加重语气，反复几句就能轻松地解决了。"

"好吧，我试试。"

【注】请读者自己再一次快速地在大脑中把26个桩子以及26组图像完整地回忆一遍。

"接下来就是速听的环节了！"恩说，"如果没有速听的时候，我们可以自己小声地快速阅读。但是一定要记住一点，在进行速听或者快速阅读之前，必须保证我们读出来的每一个字的发音和声调都是正确无误的。"

"哦！不过，这和我们平常的死记硬背有什么区别？"

"区别大了。死记硬背就只是死记硬背，是纯粹的声音记忆。"恩说，"速听或者自己快速朗读不一样，我们需要在速听或者快速朗读的时候，脑子里随着原文的进度在大脑中回忆之前已经构建好的桩子和图像。这个过程是图像不断地在大脑中重建和强化的过程。也就是说原文的声音在我们的脑海中过了多少遍，图像就在大脑中重建了多少遍。"

"明白了。那自己读的时候，多快算是快？"小克问。

"没有标准，只要你自己的思路能跟得上，你完全可以随便嘟囔，不要管别人听不听得懂，只要自己能听懂就好了。即使有时候听起来就像是苍蝇的嗡嗡声，但只要脑内发音是正确无误的就好。"

"好吧，我开始学苍蝇嗡嗡！不过，为什么古文比古诗难记得多。"小克说，"像《琵琶行》《长恨歌》这样的长诗我觉得也比古文好记一些。"

"古文和古诗词还是有区别的。"恩说。

"什么区别，不都是古汉语吗？"

"古诗词一般是讲究韵律的，所以读起来很舒服，朗朗上口。"恩说，"但古文就不一样了，有些读起来很生涩，甚至读起来很拗口。"

"是啊，这篇《桃花源记》比《陋室铭》难记多了，读起来都费劲。"

"我还没让你记《道德经》和《易经》呢，那才叫'费劲'，读一遍都觉得费劲。"

现代白话文《济南的冬天》的记忆

经历了语文老师的突击提问之后，小克和素素再也不敢掉以轻心。这天语文课后，范老师又布置了背诵任务——白话文《济南的冬天》。下课后，四个人又凑到了一块儿。

"幸亏老师让我背的是这段，要是让我背后面那一段，我就死定了。"素素对于在课堂上被提问还是心有余悸。

"所以，我们一定要无选择地去记忆。"珊说，"不要去猜测老师什么时候检查，检查哪些内容。"

"好吧，以后还是老老实实的吧！"素素说，"今天又让背《济南的冬天》，这么长的课文怎么背啊？记忆宫殿能用来背它吗？"

"那是必须的！"珊说，"记忆宫殿的理念就是：只要是可以记的东西，我们就有方法。不怕记不住，就怕没内容。"

"你是记忆宫殿派来的业务推销员吗？！"素素笑道，"说得和广告词一样。"

"嘿嘿！"珊说，"好吧。本业务员今天就教你怎么用记忆宫殿的方法把这篇现代文记下来！"

"好吧，我又可以等着吃现成的了！"素素高兴地说。

"就算是现成的，也需要你自己一口一口地吃啊！现代文记忆的方法和步骤："

朗读——分段——找关键字——转图——定桩——回忆——速听

"这不和记忆古汉语基本一样吗？"素素问。

"是的，基本的思路是一样的，只是它多了一个分段，少了一个理解原文意思的过程。"

"为什么要分段？文章本身不就有自然段吗？"

"我们说的分段不是分自然段。如果觉得这个词有些误导，我们就叫它'分节'吧。就是把很长的文章分成一个个的短句，这样就可以把每个短句转换成一组图像挂在地点桩上了。"

"其他的和古汉语的方法一样吗？"

"大同小异吧！"珊说，"我们直接来照着文章一边学一边记吧！"

"好啊，从哪里开始呢？"

"我们先把原文认真地读一遍！"

"我记得记古文的时候，你说要读三遍的呀。"

"是的，那是因为古文相对来说比较拗口。现代文基本上符合我们日常的语言习惯，所以一般情况下读一遍就可以了。"

"那我们一起读吧！"

第一步：朗读全文。

济南的冬天

老 舍

对于一个在北平住惯的人，像我，冬天要是不刮风，便觉得是奇迹；济南的冬天是没有风声的。对于一个刚由伦敦回来的人，像我，冬天要能看得见日光，便觉得是怪事；济南的冬天是响晴的。自然，在热带的地方，日光是永远那么毒，响亮的天气，反有点叫人害怕。可是，在北中国的冬天，而能有温晴的天气，济南真得算个宝地。

设若单单是有阳光，那也算不了出奇。请闭上眼睛想：一个老城，有山有水，全在蓝天下很暖和安适地睡着，只等春风来把他们唤醒，这是不是个理想的境界？

小山整把济南围了个圈儿，只有北边缺着点儿口儿。这一圈小山在冬天特别可爱，好像是把济南放在一个小摇篮里，他们安静不动地低声地说："你们放心吧，这儿准保暖和。"真的，济南的人们在冬天是面上含笑的。他们一看那些小山，心中便觉得有了着落，有了依靠。他们由天上看到山上，便不觉地想起："明天也许就是春天了吧？这样的温暖，今天夜里山草也许就绿起来了吧？"就是这点幻想不能一时实现，他们也并不着急，因为有这样慈善的冬天，干啥还希望别的呢！

最妙的是下点小雪呀。看吧，山上的矮松越发的青黑，树尖儿上顶着一髻儿白花，好像日本看护妇。山尖全白了，给蓝天镶上一道银边。山坡上有的地方雪厚点，有的地方草色还露着；这样，一道儿白，一道儿暗黄，给山们穿上一件带水纹的花衣；看着看着，这件花衣好像被风儿吹动，叫你希望看见一点更美的山的肌肤。等到快回落的时候，微黄的阳光斜射在山腰上，那点薄雪好像忽然害了羞，微微露出点儿粉色。就是下小雪吧，济南是受不住大雪的，那些小山太秀气！

古老的济南，城里那么狭窄，城外又那么宽敞，山坡上卧着些小村庄，小村庄的房顶上卧着点雪，对，这是张小水墨画，也许是唐代的名手画的吧。

那水呢，不但不结冰，反倒在绿萍上冒着点热气，水藻真绿，把终年贮蓄的绿色全拿出来了。天儿越晴，水藻越绿，就凭这些绿的精神，水也不忍得冻上，况且那些长枝的垂柳还要在水里照个影儿呢。看吧，由澄清的河水慢慢往上看吧，空中，半空中，天上，自上而下全是那么清亮，那么蓝汪汪的，整个的是块空灵的蓝水晶。这块水晶里，包着红屋顶，黄草山，像地毯上的小团花的小灰色树影。这就是冬天的济南。

第二步：对原文进行分段。

1. 对于一个在北平住惯的人，像我，冬天要是不刮风，便觉得是奇迹；济南的冬天是没有风声的。

2. 对于一个刚由伦敦回来的人，像我，冬天要能看得见日光，便觉得是怪事；济南的冬天是响晴的。

3. 自然，在热带的地方，日光是永远那么毒，响亮的天气，反有点叫人害怕。

4. 可是，在北中国的冬天，而能有温晴的天气，济南真得算个宝地。

5. 设若单单是有阳光，那也算不了出奇。

6. 请闭上眼睛想：一个老城，有山有水，全在蓝天下很暖和安适地睡着，只等春风来把他们唤醒，这是不是个理想的境界？

7. 小山整把济南围了个圈儿，只有北边缺着点口儿。

8. 这一圈小山在冬天特别可爱，好像是把济南放在一个小摇篮里，他们安静不动地低声地说："你们放心吧，这儿准保暖和。"

9. 真的，济南的人们在冬天是面上含笑的。

10. 他们一看那些小山，心中便觉得有了着落，有了依靠。

11. 他们由天上看到山上，便不觉地想起：

12. "明天也许就是春天了吧？这样的温暖，今天夜里山草也许就绿起来了吧？"

13. 就是这点幻想不能一时实现，他们也并不着急，因为有这样慈善的冬天，干啥还希望别的呢！

14. 最妙的是下点小雪呀。看吧，山上的矮松越发的青黑，树尖儿上顶着一髻儿白花，好像日本看护妇。

15. 山尖全白了，给蓝天镶上一道银边。山坡上有的地方雪厚点，有的地方草色还露着。

16. 这样，一道儿白，一道儿暗黄，给山们穿上一件带水纹的花衣。

17. 看着看着，这件花衣好像被风儿吹动，叫你希望看见一点更美的山的肌肤。

18. 等到快回落的时候，微黄的阳光斜射在山腰上，那点薄雪好像忽然害了羞，微微露出点儿粉色。

19. 就是下小雪吧，济南是受不住大雪的，那些小山太秀气！

20. 古老的济南，城里那么狭窄，城外又那么宽敞，山坡上卧着些小村庄，小村庄的房顶上卧着点雪，对，这是张小水墨画，也许是唐代的名手画的吧。

21. 那水呢，不但不结冰，反倒在绿萍上冒着点热气，水藻真绿，把终年贮蓄的绿色全拿出来了。

22. 天儿越晴，水藻越绿，就凭这些绿的精神，水也不忍得冻上，况且那些长枝的垂柳还要在水里照个影儿呢。

23. 看吧，由澄清的河水慢慢往上看吧，空中，半空中，天上，自上而下全是那么清亮，那么蓝汪汪的，整个的是块空灵的蓝水晶。

24. 这块水晶里，包着红屋顶，黄草山，像地毯上的小团花的小灰色树影。这就是冬天的济南。

第三步：找关键字。

第四步：关键字转图。

第五步：定桩。

我们可以把上面的三个步骤合为一个步骤来完成。但是之前我们必须先找出足够数量的地点桩。

对于这篇《济南的冬天》来说，我们需要24个地点桩。

从上图找地点桩：自右上角开始。

月亮——小房子——围栏——松树——柏树——远处的山——楼房——孩子——邮筒——邮差——电动车——滑雪女——滑雪男——女孩——左边的树——礼物树——火堆——喝水的人——雪人——雪堆——地上的鸟——房

子——树干——树上的鸟

地点有点多，我们先闭上眼睛回忆一遍。

好了，把上面分好的段落转成图像挂在24个桩子上。转图的时候，我们可以直接把原文的意思转成一个场景，也可以取几个关键字出来转成图像挂在桩子上。具体在应用的过程中，我们只遵守一个原则：能帮你记住的，就是最好的。

1. 月亮：北京城，不刮风

2. 小房子：伦敦，日光

3. 围栏：热带，害怕

4. 松树：北中国，温暖，宝地

5. 柏树：阳光，出奇

6. 远处的山：闭眼，城水太阳，睡唤醒，境界

7. 楼房：围圈，缺口

8. 孩子：可爱，摇篮，说

9. 邮筒：含笑

10. 邮差：小山，着落依靠

11. 电动车：天上看，想起

12. 滑雪女：明天，山草

13. 滑雪男：幻想，着急，慈善

14. 女孩：小雪，看吧，矮松，白花，看护妇

15. 左边的树：山尖，山坡

16. 礼物树：一道一道，花衣

17. 火堆：吹动，肌肤

18. 喝水的人：斜射，害羞

19. 雪人：受不住，秀气

20. 雪堆：城里城外，小村庄

21. 地上的鸟：结冰，热气，水藻

22. 房子：绿的精神，不忍冻上，垂柳

23. 树干：澄清，自上而下，蓝水晶

24. 树上的鸟：红屋顶黄草山，地毯

【注】对于这种很长的句子，每个人的理解都不一样，找的关键词也不一样。这里所说的关键字并不一定是句子的主谓宾语，也不是在缩写句子的时候找

出来的那些关键字。这里所说的关键字，就是能帮助我们回忆起句子的词语。有些人觉得是这个，有些人觉得是那个，都有道理。每个人的大脑对句子中不同成分的敏感程度不一样。

比如：

山尖全白了，给蓝天镶上一道银边。山坡上，有的地方雪厚点，有的地方草色还露着

可以找到的关键字有：

山尖、蓝天、镶、银边、山坡、雪厚、草色、露着

但是在实际转图挂桩的时候，只需要两个关键字就可以了，前后两句话各找一个。

你觉得是"山尖"，因为山尖是主语，其他的都是为山尖服务的。而我觉得是"银边"，因为只要想起银边，就知道前面的内容了。还有人觉得是"镶"，因为整篇课文只出现了一个"镶"字，所以这个才是最有代表性的关键字。

具体选择哪种，还是看个人的喜好。

地点桩和关键字转图的过程在这里就不作详细的说明了，方法和前面章节中所讲述的方法是一样（谐音法、代替法、潜意识出图法都可以）。

最后两个过程大家应该已经非常熟悉了，那就是回忆和速听。

文科类知识点的记忆

恩坐在书桌旁，看着自己的历史试卷发呆。85分。虽然这个分数在班里也就是勉强超过平均分，但是和以前的5分相比，已经是天壤之别了。

一阵急促的敲门声打断了恩的思绪。

林子起身去开门，"小克，今天怎么这么早？"

"阿姨好，今天是周五，九点钟有脑力挑战赛，所以我要早来，学完了早回去看电视！"

林子这时才想起今天已经是周五了。小克跟着她的儿子恩学习记忆术也快两个月了，两个月来她看到了这两个少年一点一滴的进步。她很庆幸自己给了恩这个机会，让他在小伙伴中当起了老师，这不但让恩的自信越来越足，更重要的是

他们几个的成绩在集体提升。

"85分，不错啊恩！我什么时候也能考到80分以上？"

"我的目标是95分以上。"恩说，"如果你再努力一点，你也一样能考95分以上。"

"别，我考80分我妈就能乐上天了。"

"现在我妈妈已经不关心我考多少分了。"

"为什么？"

"因为我已经想明白，我不是为妈妈学习，我要为自己学，证明自己的实力，所以，我已经远远超过了我妈妈的预期，我最终的目标是满分！"

"哈哈，现在不光是成绩提上去了，说话也有大人样了！"

"这话是说给我自己听的，你听了啥感受和我没关系！"

"好吧……"

"今天我们学历史中的一个知识点。"

"我最讨厌历史了，实在是枯燥加无聊！"

"你先别说这些，告诉我历史中最难记的是什么？"

"我最讨厌的就是记××年××月，那么多的历史年份，记不了几个就混淆了。"

"好，今天我就教你怎样一次性把一本书中和年份有关的内容全记下来。"

说着，恩从书桌中找到一张卡片递给了小克。

年份	事件
1234年	沙漠大风导致风沙满天
1991年	歌手大赛冠军得了感冒
1768年	洪水淹没村庄
2106年	手机病毒导致通信中断
1903年	农夫死于食物中毒
1969年	老虎和狮子和平共处
1645年	传染病得到有效控制
1357年	蝗虫成灾树木遭殃
1187年	旱灾导致粮食减产
2008年	学校停电导致停课三天
1309年	马群中的黑马受惊

2011年	汽车拉力赛女车手受伤
1528年	百只鸭子排队过河
1999年	作家签名售书万人抢购
2006年	商场促销买衣服送电脑
2294年	首家无人管理超市开业
1878年	猪被闪电击中死亡
2573年	美元贬值影响世界经济
2142年	耳塞式手机正式出售
2007年	菜博会上展出百斤大西瓜
2256年	飞机驾驶证取消年龄限制
2463年	历史性景点全部免费
3147年	旅行社开通火星之旅
2332年	太阳能汽车大促销
1075年	玉米产量达到10年最高
2077年	7岁女孩中700万元奖金
1400年	气温突降河面结冰
2012年	信鸽比赛冠军奖杯被盗

"这一堆是什么东西？"小克问。

"这叫虚拟历史事件，是世界脑力锦标赛的一项比赛项目。为了保证公平，会虚拟出几百个历史事件，然后在1000~2999年中随便指定一个年份，要求在15分钟内尽可能多地记住每个事件发生的时间。"

"这也太难了吧！15分钟记几百个，那不是要求几秒钟就要记一个吗？"

"是的，所以这才能成为国际比赛的项目。"

"算了吧，我没打算去参加这种比赛。"

"我们不是要去参加比赛，我们今天要学习的是如何用这种方法来记住历史课本上所有和日期有关的知识点。"

"好吧。那就赶紧开始吧。"

"好，我们先来回忆一下前段时间学习的一个知识点。"

"地点桩？"

"不是，是数字编码。"

数字编码：对00~99这100个数字，分别以一个具体的形象来表示。一般的数字编码都是100位数字编码，如果要参加国际大赛，提高速度，大都采用10000位编码系统，又称多米尼克编码系统。

有了数字编码系统，我们在处理很多和数字有关的问题时就能得心应手。本书中讲到的所有和数字编码有关系的实例，均以作者的数字编码系统为例，请读者在阅读和训练过程中自行修改为自己设计的数字编码。

有了数字编码的基础，我们就可以非常轻松地记住这些历史事件了。

比如：

1234年：沙漠大风导致风沙满天

首先把前面的4位数字转换成图像。

12—婴儿

34—山石

组合成图像就是：一个婴儿举着一块大石头。

然后把后面的历史事件转换成一个场景：沙漠风沙满天飞。

最后把两个图像叠加在一起：在一片风沙满天的沙漠中，一个婴儿举着一块大石头屹立在风沙中。

多么悲壮又搞笑的一个画面，它让我想起了电影《超人》中的一个场景。

下次回忆的时候，只要想到风沙满天，就肯定能回忆出风沙中有一个婴儿举着一块大石头屹立着，就能想到那个婴儿的悲壮与可笑，就能回忆起年份是：1234年（婴儿、山石）。

我们再来看下一个历史事件。

2006年：商场促销买衣服送电脑

还是先转换数字编码。

20—鸭子

06—哨子

组合成图像就是：鸭子在吹哨子。

再把后面的历史事件转换成一个场景：商场里有个柜台堆满了衣服，旁边是一堆没开封的新电脑。

最后把两个图像叠加在一起：商场正在搞衣服促销，一只鸭子吹几声哨子后大喊："买衣服送电脑了！"然后重复这个动作。

【注】这只鸭子可以想象成一个唐老鸭的形象或者其他卡通一点的鸭子的形象。

下一个：

1991年：歌手大赛冠军得了感冒

还是先转换数字编码。

19——斧头

91——球衣

组合成图像就是：拿着斧头去划破一件球衣。

再把后面的历史事件转换成一个场景：歌手大赛颁奖仪式上，冠军一边领奖一边流着大鼻涕（表示感冒），都快过河了。（知道过河是啥意思吗？就是鼻涕快流到嘴唇下面了。）

最后把两个图像叠加在一起：歌手大赛颁奖仪式上，冠军一边领奖一边流着大鼻涕，都快过河了。他领到的奖品是一把很大的斧头，他生气地拿了斧头就去砍面前的球衣。

"好了，我们现在试着回忆一下这几个事件。"

歌手大赛冠军得了感冒——举起斧头割球衣

商场促销买衣服送电脑——鸭子吹哨子

沙漠大风导致风沙满天——婴儿举着石头

现在把事件中的图像转换成数字。

歌手大赛冠军得了感冒——举起斧头（19）割球衣（91）——1991

商场促销买衣服送电脑——鸭子（20）吹哨子（06）——2006

沙漠大风导致风沙满天——婴儿（12）举着石头（34）——1234

现在试着把上面的内容盖起来，快速回忆每个历史年份吧。

歌手大赛冠军得了感冒——（　　　　）年

商场促销买衣服送电脑——（　　　　）年

沙漠大风导致风沙满天——（　　　　）年

小克试着回忆了一下，确实能清晰地回忆出每个历史年份。

恩说："好了，现在该你自己试着去记忆后面的那些历史事件了！"

数字年份	原题目	将数字转换成图像
1768	洪水淹没村庄	长颈鹿吃萝卜
2106	手机病毒导致通信中断	鳄鱼吹哨子
1903	农夫死于食物中毒	斧头看弹簧
1969	老虎和狮子和平共处	斧头切辣椒

数字年份	原题目	将数字转换成图像
1645	传染病得到有效控制	石榴砸水壶
1357	蝗虫成灾树木遭殃	医生抓母鸡
1187	旱灾导致粮食减产	筷子夹白棋
2008	学校停电导致停课三天	鸭子举着葫芦
1309	马群中的黑马受惊	医生拿着大勺
2011	汽车拉力赛女车手受伤	鸭子拿着筷子
1528	百只鸭子排队过河	鹦鹉叼着荷花
1999	作家签名售书万人抢购	斧头砸啤酒杯
……	……	……

将数字编码的图像和原历史事件进行链接。

洪水淹没村庄，一只长颈鹿漂在洪水中大口大口地吃萝卜

手机病毒导致通信中断，气得鳄鱼对着手机使劲地吹哨子

农夫死于食物中毒，临死前口吐鲜血，抢起斧头砍断了一根弹簧

老虎和狮子和平共处，两只动物正在厨房里用斧头切辣椒准备炒菜

传染病得到有效控制，原因是很多人把石榴砸到水壶中，用石榴汁把病治好了

蝗虫成灾树木遭殃，医生抓来好多母鸡希望能吃掉这些蝗虫

旱灾导致粮食减产，人们用筷子夹着白棋，自言自语说这个能当粮食吃吗

学校停电导致停课三天，鸭子举着葫芦冲进空荡荡的校园

马群中的黑马受惊，医生拿着大勺来轻拍马屁股，安慰受惊的马

汽车拉力赛女车手受伤，一只鸭子用筷子挑着纱布包扎伤口

百只鸭子排队过河，鹦鹉叼着荷花在河两岸欢迎

作家签名售书万人抢购，作家举起斧头砸碎啤酒杯宣布活动开始

……

我们先来试着回忆每个历史事件的图像。

洪水淹没村庄，_____

手机病毒导致通信中断，_____

农夫死于食物中毒，_____

老虎和狮子和平共处，_____

传染病得到有效控制，_____

蝗虫成灾树木遭殃，_____

旱灾导致粮食减产，_____

学校停电导致停课三天，_____

马群中的黑马受惊，_____

汽车拉力赛女车手受伤，_____

百只鸭子排队过河，_____

作家签名售书万人抢购，_____

……

现在应该可以回忆出每个历史事件的年份了吧。

洪水淹没村庄——（　　　　）年

手机病毒导致通信中断——（　　　　）年

农夫死于食物中毒——（　　　　）年

老虎和狮子和平共处——（　　　　）年

传染病得到有效控制——（　　　　）年

蝗虫成灾树木遭殃——（　　　　）年

旱灾导致粮食减产——（　　　　）年

学校停电导致停课三天——（　　　　）年

马群中的黑马受惊——（　　　　）年

汽车拉力赛女车手受伤——（　　　　）年

百只鸭子排队过河——（　　　　）年

作家签名售书万人抢购——（　　　　）年

……

小克就这样一个、一个地编故事。刚开始的时候，小克编得很慢，每一个事件需要1分钟甚至更长的时间来编故事，而且编出来的故事还不是很满意，在回忆的时候经常会回忆不起当时的图像是什么。

"为什么我总是回忆不起来编出来的故事？"

"图像的构建不是编故事，要用图像把图像连接起来，而不是用故事把图像连接起来。"

"听不懂！"

"比如说这个题目——"

1075年：玉米产量达到10年最高

"我们把数字变成图像后是：棒球、积木、堆成山的玉米。

"如果构建一个这样的图像：玉米大丰收了，农民们用棒球敲打着积木庆祝玉米的丰收。

"这个图像看起来没什么问题，但这就是用故事做连接。我们的图像是分离的，一个是堆成山的玉米，另一个是农民拿着棒球敲打积木。这两个图像没有发生关系，所以我们在回忆的时候很容易丢失图像。"

"可我想象是农民就在玉米堆旁边庆祝啊，这不是连接吗？"

"这属于背景信息，它是很容易丢失的，原因还是背景中的玉米和前景中的农民没有发生关系。"

"那我让农民站在玉米堆里面可以吗？"

"可以，但是为什么非要平添一个农民出来？如果我们的数字编码中有农民，是会发生混淆的。"

"哦，那你觉得怎么生成图像合适？"

玉米堆里插着一根很大的棒球棒，从球棒的顶上不停向下掉积木。积木掉下来就砸在玉米堆里，很多的玉米粒到处飞溅，我们试着去感受那种互相撞击啪啪乱响的感觉。

"这时候你再去回忆，是不是很容易就能回忆起玉米堆里的棒球棒和自天而降的积木了？"

"确实如此。为什么我构建的图像就不能做到这么清楚？"

"主要原因是训练得少，如果你坚持每天记30个历史事件，不出1周你就能非常熟练地构建出清楚牢固的图像。"

"熟能生巧？"

"算是吧！"

"好了，抓紧时间去练习图像的构建，并尝试回忆每一个历史事件吧。"

再给出一组新的历史事件，供读者训练。

1913年　新国王加冕了

1323年　探险家扬帆起航

1119年　拦路强盗抢劫了一辆驿站马车

1504年　城堡驱赶了侵犯者

1339年　战舰在战争中沉没

1934年　沙漠里找到的绿洲

2025年　油井干涸了

1721年　种了橄榄树

1787年　最昂贵的那瓶酒被喝光了

1264年　第一例成功的眼睛移植

1635年　诗人获奖

1394年　演员失去听力

1032年　猪肉短缺引起价格上涨

1836年　海盗掠夺商船

1569年　犯罪数字降低

1841年　歌剧演员得了喉炎

1984年　广播电台播出默音

1330年　园丁被食肉植物吃了

1080年　在暗礁发现了新的鱼种

1192年　小行星碰撞毁灭了城市

1952年　火山爆发

1759年　由于缺雪，阿尔卑斯滑雪坡关闭了

1083年　第一家熔合发电站开张了

1373年　百年之久的弹簧从桥上跳下去了

1995年　舞蹈家腿折了

1173年　钢琴演奏家得到长久的热烈欢迎

1507年　美国总统辞职

1324年　数学家解开了方程式

1444年　股票市场价格下跌

1487年　电脑变得比人类更聪明了

素素家，两个女生正在学习。

"我们再来看一道政治题，这个题目在八年级教材中出现过。"

"我最讨厌的就是背政治和历史了！"素素说，"一点意思也没有，比古文还枯燥。"

"那也得记，对吧，谁让考试就考这些呢？"

中国政府的经济建设目标十分明确，这就是1987年10月党的"十三大"提出的中国经济建设分三步走的总体战略部署：

第一步，1981年到1990年实现国民生产总值比1980年翻一番，解决人民的温饱问题，这在20世纪80年代末已基本实现；

第二步，1991年到20世纪末国民生产总值再增长一倍，人民生活达到小康水平；

第三步，到21世纪中叶人民生活比较富裕，基本实现现代化，人均国民生产总值达到中等发达国家水平，人民过上比较富裕的生活。

"这样的题目也转图定桩吗？"素素问。

"是的，都是转图定桩这个路子，"珊说，"否则，就不叫记忆宫殿了！"

"这怎么转图啊？用什么地点桩合适？文字桩还是实景桩，或者虚拟桩？"

"其实这种题目的记忆最好用画图的方法。"

"这是一种新的地点桩吗？"

"算是，也不是。"珊说，"就是根据题目的意思，画一幅简笔画，然后在画上找几个点就可以了。这种方法是最简单易行的。"

"这样的政治题目怎么画？"

"就画一个人走路，上三个台阶就可以了。"珊说，"如果还怕忘，可以再加上'十三大'和'1987年'这两个辅助图像。"

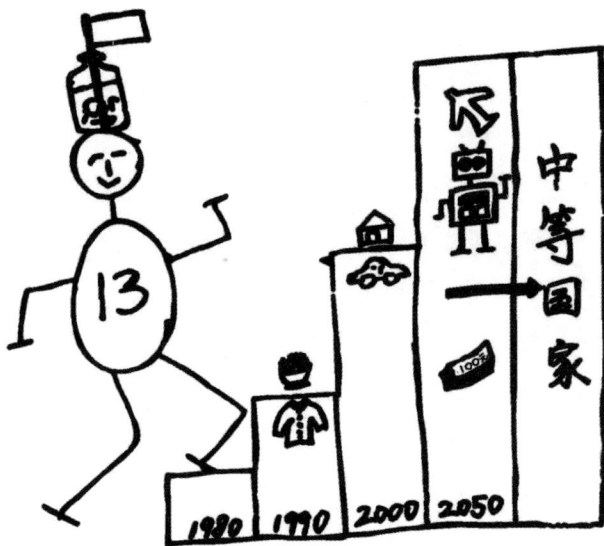

图片解析：

身上的"13"表示"十三大"，也可以把主角画成一个医生来表示"13"。

头顶上的"药酒+白旗"表示召开的时间是1987年；

人走路，前面三个台阶表示三步走；

1990比1980高一倍，表示翻一番，米饭和衣服表示温饱；

2000比1990高一倍，表示再翻一番，房子和汽车表示小康；

2050表示21世纪中叶，飞机表示富裕，机器人表示现代化，箭头表示达到中等发达国家水平，钱表示富裕的生活。

"只要记住这张图，就可以把这个题目的关键点记下来了。"珊说，"自己稍微组织一下语言，考试时就能拿到大部分的分数了。"

"这个确实比死记硬背有意思多了！"素素说。

"当然，如果想拿满分，还要结合声音记忆。"珊说，"最好的办法就是配合速听。"

"怎么速听？"

"很简单，"珊说，"自己用复读机录下来，然后加速播放就可以了！"

英文单词及课文的记忆

这天，珊和素素又在一起学习。

素素看着英语作业，抱怨起来："为什么总要背课文呢？"

"为了通过考试。"珊敷衍地说。

素素的嘴撅得老高，虽然她最后还是会把老师布置的作业一五一十地完成好，但总是要磨磨蹭蹭地抱怨一番，珊已经习惯她的这种态度了。

"你为什么不想背课文？"珊问。

"我背了之后总是会忘记的！"素素说，"而且，为什么我和你做一样的作业，总是你的成绩比我好那么多？！"

"哈哈，看来你是嫉妒我了！"

"你一定藏着什么高招，快点教教我吧！"

"你觉得自己考试的时候问题出在哪里？"珊问，"是单词不认识、不会写，还是语法不明白，或者阅读理解看不懂？"

"我也不知道，你就教教我怎么样能用最快的方法把今天晚上要求记的生词和要求背的课文记住吧。"

"这个简单！"珊说，"我们先来看看记单词吧。你觉得英语单词的记忆分为几部分？"

"几部分是什么意思？"

"算了，我直接告诉你吧。"

英文单词分为发音、拼写、中文意思、词性、用法等，其中比较难记的是拼写和中文意思。

所以，我们要解决的是：

第一，看到这个单词的时候能够快速地回忆起这个单词的中文意思是什么。

第二，看到中文后，能正确地读出这个单词的发音并能正确地拼写出这个单词。

"那词性和用法呢？"

"词性和用法虽然也需要记忆，但是大部分的单词我们可以根据意思来判断出它的词性。对于不好判断的那一部分，我们还可以根据词根和后缀来判断。如此一来，靠背来记词性的单词就很少了。"珊说，"所以，我们记单词实际上就是记忆单词的三个元素：发音、拼写、中文意思。"

"也是啊。但是对我来说，最耗费时间和精力的就是记单词了，这个有什么好的办法吗？"

"世界上没有办法让你一下子就把所有单词都灌到脑子里。"珊说，"再好的方法也需要自己一个单词、一个单词地去记。"

"那肯定，我只是想知道什么方法能让我记得更快、记得更牢！"

"很简单，还是图像记忆。"

珊翻开英文课本，找到还没学的一篇新课，说："我现在就教你用最短的时间把这二十多个单词记下来。"

小克还在一边写，一边小声嘟囔着记着单词，恩给了他一个任务：10个新词，看多久能记完。要求能做到看着中文写出英文，看着英文写出中文。

时间已经过去15分钟，小克正在用手盖住前面的英文，然后照着中文部分一个、一个地回忆。恩在闭目养神。

"好了。"小克说，恩按下了手机上的秒表，用时17分钟35秒。

"你确认这10个单词都牢记在心了？"恩问。

"应该没问题了。"

"好，那我也不提问了，看你刚才的认真劲，我感觉也没问题。"

"那你折腾这一出是什么意思？"

"我只是需要记录一个你记忆的时间，因为接下来要教你图像记忆单词的方法。"恩说，"我想让你亲自比较一下两种方法的效率。"

"好吧，早知道我刚才早点喊卡！"小克调皮地说。

"自欺欺人！"恩瞥了小克一眼说，"我们先来看看单词编码系统。"

"单词还有编码系统？！"

单词编码系统和数字编码系统一样，是为了方便我们记单词而形成的一套编码系统。

但单词编码系统和数字编码系统又不一样，因为数字编码系统是有固定数量的。比如，两位编码只有100个，三位编码1000个……一位编码系统只有10个。但是单词编码没有明确的数量，我们根据自己对单词和部分字母组合的熟悉程度来随意制订。有些人的英文编码系统有两百多个，而有些人的编码只有几十个。

"26个英文字母做26个编码不就完了吗？"小克不解地问。

"是的，理论上是这样，就像数字编码做10个不就完了吗？！"恩说，"但是，我们在实际记忆的时候，10个编码会导致大量重复的图像。你记过圆周率，应该知道，两位编码系统相对来说是最科学、最实用的。"

"那就用两个字母的编码，那应该是26×26……"小克闭上眼睛嘟囔了一会儿说，"是676个。"

"行啊，小伙儿，心算能力很不错啊！"恩说，"可是这种方法并不实用，因为英文单词的字母组合太复杂了，有些常用的组合是4个字母的，有些组合是2个字母的。"

"那到底怎么编码？！"小克有些不耐烦了，"你赶紧的，我晚上还要看记忆宫殿的应用。"

"又猴急！"

"单词的编码系统是一种非常自由的编码系统。"恩说，"很多情况下，同样的字母在不同的组合中编码也不一样。"

"那怎么记，是不是太乱了？！"

"不会，单词的编码根本不需要记，我们完全可以根据实际情况来自由联想。"

"不用记，可我一点基础也没有啊？！"

"先用起来，一点点地积累就好了。"恩说，"我们先来看看几种常见的记单词的方法。"

谐音法

"谐音法就是根据发音来想象出一个中心意思和图像，并记住这个单词。"恩说，"比如……"

"比如：thank you very much。"小克抢过话题说，"可以翻译成：三颗油喂了马吃！对吧，哈哈。这个我小学的时候就会。"

"大体意思是对的，但还是有区别的。因为我们不能偏离记忆的根源，就是图像，永远不要离开图像这个基础。"

"我的也是图像啊！"小克不服气地说，"拿了三颗油去喂马！多么形象、多么清晰的图像啊！"小克摇头晃脑、抑扬顿挫地说道。

"行了，别拽了！"恩说，"我们来看一些单词，你试着用这种方法记一下。"

单词	意思
bullet	子弹
colony	殖民地、侨居地
envelope	信封、封皮
capture	捕获、占领
melt	融化
torture	拷打、折磨
solemn	庄严的、隆重的

"现在根据发音谐音出它们的中文图像。"

单词	谐音	图像	意思
bullet	不理它	子弹飞过来也不要理它	子弹
colony	铐了你	铐了你把你送到殖民地去	殖民地、侨居地
envelope	爱我老婆	我爱我老婆，每天写封情书装进信封	信封、封皮
capture	开破车	我开着一辆破车在山间捕获猎物占领山头	捕获、占领
melt	灭了它	灭掉这种金属最好的办法就是把它融化	融化
torture	偷窃	因为偷窃他被严刑拷打受尽折磨	拷打、折磨
solemn	所罗门	所罗门特别庄严、隆重	庄严的、隆重的

"这种方法的特点是简单、实用，只要能读出单词的发音，我们就可以联想到图像并能联想出原本的中文意思。同样，根据中文意思也能想象出图像并回忆出单词的发音。"恩说，"但是它也有缺点，就是有时候单词的拼写记忆不会特别精确，需要通过多次重复来加强。"

编码法

"单词的编码有很多种方法。"恩说。

"这句话你唠叨了八百遍了！"小克调皮地说。

"那你告诉我，常用的编码方法有哪些？"恩问。

"我怎么知道，你只是重复说有很多方法、有很多方法，但是具体啥方法你压根就没说。"

"那就闭嘴好好听着。"

常见的编码方法：

拼音编码法：就是对单词中的部分字母用拼音来联想出编码。比如：

th：天河——th是"天河"拼音的首字母。

pr：仆人——pr是"仆人"拼音的首字母。

字形编码，就是按照字母的形状来联想出编码。比如：

ll —— 筷子　oo —— 眼镜　d —— 马蹄　s —— 美女

r —— 草　f —— 拐杖　t —— 雨伞　n —— 门

数字编码，比如：

l —— 1　o —— 0　b —— 6　q, g —— 9

V —— 5　X —— 10

谐音编码，比如：

ing —— 鹰　tion —— 心、神、信

ly —— 泪　e —— 鹅

缩写编码，比如：

al —— all

"这一堆编码有什么用？"小克问，"我怎么觉得没什么用呢？"

"这是基础，就像数字编码一样。"恩解释道，"单独记忆数字编码有什么用？没用！但是后期在记忆圆周率的时候，如果没有数字编码，估计200位就是极限了吧。"

"那倒是，可是英文单词不是圆周率啊，我觉得前面的谐音法直接记住就可

以，为什么还要专门来记忆编码呢？"

"刚才我说过了，英文单词的编码没有必要专门来记，因为单词的编码太灵活了。同样的字母在这个单词里可能用的拼音编码，到了另一个单词里可能就用缩写编码了。"

"这个有点难，一点规律也没有啊！"

"不需要规律，只需要你训练出一种能力！"

形似法

"形似就是长得像吗？"小克问。

"用这种方法需要一些想象力。"恩说，"我们来看几个很有代表性的单词。"

loom —— 100m —— 100米

bloom —— 6100m —— 6100米

booth —— 600th —— 600个th（th 可以用拼音编码里的东西）

综合法

就是把上面的各种方法组合起来运用。比如：

hesitate　犹豫

拆分：he（他）、sit（坐）、ate（吃）

图像：他坐着吃鱿鱼（犹豫）

顺序法

就是把单词的顺序稍微改变一下，变为另一个已经熟悉的单词。

比如，顺序相反的单词有：

top 和pot，war 和 raw，live 和evil

类比法

类比法，其实就是归类总结。把有同一特点的单词统一挑出来，然后整理到一起，一次性记住。

比如：

fill, hill, will, dill, till, gill

hear, fear, dear, pear, bear

fall, mall, tall, call, hall, nall

by, cry, try, fly, spy

"下面的这两种方法就牛了！"恩说，"这是记忆宫殿的秘籍，目前只有记忆宫殿的学员在用。"

"牛在什么地方？"

"这种方法不仅能让你记住每一个单词，还能让你把单词的排列顺序也记下来。"

"什么意思，不就是单词的拼写吗？"

"不是，我说的是单词与单词之间的顺序。"恩说，"就相当于你把一本字典记了下来，你不仅记住了每一个单词，还记住了单词在字典的第几页、哪一页上有哪些单词。"

"这个听起来确实有点吹牛的成分了。"

"其实很简单！"恩笑道。

定桩法

定桩法的最大优点是便于复习。

比如，我们今天利用1小时记了100个单词，记完以后我们需要按照艾宾浩斯遗忘曲线的规律去复习，来确保记忆的牢固性。

一般的复习方法是这样的：我们制作一个专门的表格，表格只有两列，左边是英文，右边是中文。我们一边记忆，一边分别把单词的英文拼写和中文意思写在表格上。

后期在复习的时候先遮挡住右边的中文，只看英文。快速地反应出单词的中心意思就算是过了。

然后把左边的英文遮挡住，只看中文来回忆单词的英文发音和拼写。

当然也可以把表格设计成多列，方便自己标记（如下表）。

英文	10分钟	1小时	1天	3天	7天	15天	30天	中文
bullet								子弹
colony								殖民地、侨居地
envelope								信封、封皮
capture								捕获、占领
melt								融化
torture								拷打、折磨
solemn								庄严的、隆重的

如果在复习的时候不能清晰地回忆出对应的内容，就在对应的位置打一个×，这样下次复习的时候就会特别注意这个单词。

"这和定桩法有什么关系？"

"你就是一点耐心也没有，我还没说完呢！"恩说，"这是我们一般的复习方法，也是国内大部分的培训机构所推荐的方法。"

"这种方法很好用啊，还可以轻松地记录下我们学习的历程。"小克说，"你想，如果2000个单词全部列出来，多么壮观。"

"是的，但是最大的缺点就是如果想随时复习的话，我们就必须随身携带书籍或者至少要随身携带这张表格。"

"那肯定，要不怎么复习？"

"嘿嘿，定桩啊！"恩笑道，"你平时复习1000位圆周率的时候，随身携带圆周率了吗？"

"没有。"小克说，"这和圆周率不是一回事。单词怎么定桩？"

"很简单啊。"恩说，"只要我们提前准备好足够多的桩子就可以了。比如，我们要一周时间搞定2000个单词，那我们就准备好2000个桩子。"

"这是前提？"小克说，"我说你赶紧讲重点：怎么定桩？"

"好。"

单词的转图定桩：首先得准备与单词数量等同的桩子。比如，打算记忆1000个单词，就准备1000个固定的桩子，然后每个桩子放一个单词。

以下面的10个单词为例来说明。

单词	意思
woolen	羊毛的，毛织的
impossible	不可能的
mind	思想，想法；关心，介意
put off	推迟，拖延
worm	虫，蠕虫
activity	活动
increase	增加，增长
multiply	（将……）乘……
multiply…by…	……乘以……
challenge	挑战

然后准备一套有10个地点的桩子。

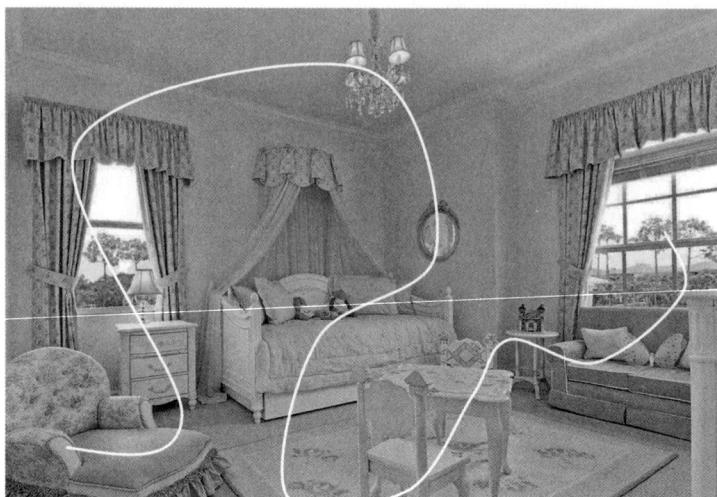

从上图中找到10个固定的桩子（左起）。

沙发——斗柜——窗帘——吊灯——钟表——床——方桌——小圆桌——长沙发——窗户

开始把单词联想挂桩。

单词	地点桩	挂桩	解析
woolen	沙发	沙发上面扔着一件没织完的毛衣	wool和en是两个表情，一个感叹，一个点头
impossible	斗柜	一个人在斗柜上拼命地摇头、摆手	im-和-ble是单词词根和后缀，possi想象为pose（造型），想在斗柜上摆个造型是不可能的
mind	窗帘	窗帘上有个大脑	mind谐音"满的"，大脑里满满的都是想法、思想
put off	吊灯	有人在故意慢吞吞地换灯泡，就是想推迟干其他的活	off有关掉的意思，换灯泡要关电源
worm	钟表	钟表里好多蠕虫在爬	worm和warm很像。蠕虫的身体是温暖的
activity	床	一群小孩子正在床上做游戏	act（动作），ivi看起来像一边一支蜡烛，ty谐音"梯"。小孩子玩的游戏是比赛做动作，要求两手各拿一支蜡烛爬梯子

236

单词	地点桩	挂桩	解析
increase	方桌	方桌上有个容器，里面的小人在飞速地长高	in（在……里面），increase可以记作在……里面增加
multiply	小圆桌	小圆桌上放着一个大大的X	mu（木），l（一个），ti（题），ply（扑来）。木质的x（一个题）向我们扑来，让我们做乘法
multiply…by…	长沙发	长沙发上放了一堆数字模型和一个大X	by（败），这么多数字做乘法，直接被打败了
challenge	窗台	一个小孩子在窗户上挑战将筷子穿过玻璃	cha（插），ll（筷子），enge（硬纸），如何把玻璃变成硬纸，让筷子能穿透是一项挑战

"其实，我们在桩子上定义的是两组图像，一组是单词的原意，另一组是根据单词的拼写联想出来的一组图像。"恩说。

"但是我看你上面挂的图像好像都是一组啊。"

"并不是一组，而是巧妙地把两组图像串联成一组图像。"恩说，"这样，我们在回忆桩子的时候，既可以回忆出单词的原意，又能回忆出单词的拼写和发音。"

"这个似乎有点难。"小克问，"这和我们平常的图像记单词有本质的区别吗？"

"从纯记单词的角度来说，没有太大的区别。"恩说，"但是如果你习惯了这种方法，会发现你的复习效率提高了很多倍。"

"你是不是还想说复习都不用带书，也不用带资料了！"

"回答正确！"

速听法

"这个速听和我们记古汉语的速听一样吗？"小克问。

"原理差不多吧！"恩说，"其实就是一个、一个地读或者听单词，然后同步在脑子里过桩、过图。"

"这和自己在脑子里回忆有什么区别？"

"当然不一样。"恩说，"自己在脑子里过图的时候，有一样东西我们的记忆是非常不深刻的，你知道是什么吗？"

"给点儿提示。"

"单词记忆的三要素：英文发音、中文意思、英文拼写。"恩说，"你觉得图像记忆对哪一类是相对比较薄弱的？"

"应该是发音吧。"小克说，"因为有些单词的记忆我们是靠拼音或者其他的编码，在很大程度上是扭曲了单词本身的发音。"

"太对了，所以速听就是为了解决这个问题的。"

比如，bandage 绷带，这个单词的原发音是['bændidʒ]，但是我们记忆的时候，为了便于形成图像，把它拆分成ban（绊）—da（大）—ge（哥）。

这样问题就出现了，我们每一次的复习都会在大脑中重复这个ban—da—ge的拼音发音，这样就会对单词原本的发音产生一定的干扰。

所以，我们就要通过速听来不断强化单词原本的正确发音。

"以多快的倍速来听合适？"小克问。

"两个原则。"恩说，"一是能听清，二是大脑的图像能跟得上！"

"哦！这个用复读机就能搞定了。"

"太对了！"

"我突然想到一个问题。"小克说。

"什么？"

"你说珊每天走路的时候都戴着耳机，我一直以为她是听音乐放松呢，你说她是不是在听单词呢？"

"可能性不大，她有可能听的是课文！"恩说，"因为单词的定桩记忆和速听记忆是记忆宫殿刚刚推出的一种记忆方法。如果珊真的是提前我一年学的记忆宫殿，那她应该不知道这种方法。"

"那你是不是又可以在她面前装一回大尾巴狼了？"小克坏笑。

"不！"恩说，"该装大尾巴狼的是你！"

"英语课文的记忆和古汉语的记忆是非常相似的。"珊说。

"可我还是觉得汉语的古文好记啊！"素素说，"特别是学了你教的七步记忆法之后，感觉记忆古文更快了。但是这个英文课文实在是记了忘、忘了再记、记了又忘了，简直要疯了。"

"机械记忆就有这个弊端。"珊说，"其实记忆英文文章和古汉语是一个原理。我们来看看具体的操作步骤你就明白了。"

英文课文记忆的七个步骤：

读准——译文——分节——转图——挂桩——回忆——速听

唯一的区别是在英文中，我们不强调找关键字。一般情况下对英文的句子用的就是潜意识出图法。

【注】有关潜意识出图法的内容请参考前文。

我们来看看下面这篇文章。先把这篇文章认真地读三遍。如果遇到不熟悉的单词，一定要通过字典或者网络来确认它的正确发音。

A Travel To Hong Kong

This summer holiday, I had travelled to Hong Kong with many other students. We went to Hong Kong by plane. Hong Kong is very small, but there are many people living there.

In Hong Kong, all of the buildings are very tall. There are lots of shops and you can go shopping until about 11: 00 at night. In Hong Kong, things are very expensive, so we only bought a few souvenirs.

We went to lots of places, such as the Avenue of Stars and Ocean Park. I like Ocean Park best. The park is very big. Sitting in the cable car, you can see two hills, lots of different flowers and the sea. Some students were afraid of sitting in the cable car!

We stayed in the Shu Ren College. There are many big trees around it. We had meals in the restaurants, but I didn't like the food.

Hong Kong is very beautiful. I like Hong Kong and I hope to go there again some day.

然后理解原文的意思（中文意思），并且自己脑补出整个文章的图像画面。有个模糊的轮廓就可以了，不需要太详细的图像。

接着对文章进行分段处理。

1. This summer holiday, I had travelled to Hong Kong with many other students.

2. We went to Hong Kong by plane.

3. Hong Kong is very small, but there are many people living there.

4. In Hong Kong，all of the buildings are very tall.

5. There are lots of shops and you can go shopping until about 11: 00 at night.

6. In Hong Kong, things are very expensive, so we only bought a few souvenirs.

7. We went to lots of places，such as the Avenue of Stars and Ocean Park.

8. I like Ocean Park best. The park is very big.

9. Sitting in the cable car, you can see two hills, lots of different flowers and the sea.

10. Some students were afraid of sitting in the cable car!

11. We stayed in the Shu Ren College. There are many big trees around it.

12. We had meals in the restaurants, but I didn't like the food.

13. Hong Kong is very beautiful. I like Hong Kong and I hope to go there again some day.

最后准备一组13个地点的桩子。

房子——过山车轨道——双子塔——摩天轮——远处的房子——路灯——花墙——水——舞台——房顶——护栏——空地儿——观众

现在开始把上面的英文分别转换成图像挂到桩子上。

1. 房子——我背着旅行包从房子里出来，后面跟着很多的同学。

2. 过山车轨道——一架飞机从过山车轨道上起飞。

3. 双子塔——在塔的中间建了座楼，里面住了好多人。

4. 摩天轮——上面建了好多摩天大楼。

5. 远处的房子——开门卖东西，门上都挂着块牌子"11点关门"。

6. 路灯——路灯上挂的都是金银首饰，里面有些假的、不发光的是纪念品。

7. 花墙——花墙上画着一张地图，上面画着星光大道和海洋公园的位置。

8. 水——我泡在水里，感受海洋公园的大。

9. 舞台——舞台上有辆缆车，有个人在从缆车里向外看。

10. **房顶**——好多学生爬到房顶上拒绝上缆车。

11. **护栏**——护栏上有所大学，围了一圈树。

12. **空地儿**——空地上有一张餐桌，我看着上面的食物不想吃。

13. **观众**——观众直立高呼香港真美，并约好再来。

"这只是把课文的中文意思记下来了呀，怎么记住英文的原文呢？"素素问。

"的确，这种记忆的前提是我们得有一定的汉译英能力。"珊说，"但是我们并不是完全靠自己翻译，因为我们还有另一项法宝呢！"

"什么法宝？"

"速听啊！"珊说，"我们把图像挂好地点桩以后，可以先逐句地去阅读并尝试记忆，每读一句，就闭上眼睛去重复一句。注意：多通道并用。"

"什么是多通道并用？"

"就是我们在读的时候要做到：眼睛盯着英文的原文，嘴里准确地读出发音，耳朵认真听自己读出来的句子。脑子还要想着我们刚才构建出来的地点桩和上面的图像。"珊说，"如果能做到，很快就能记下来。"

"这么复杂啊！我觉得还是很难。"

"要对自己有信心。"珊说，"一般读上三遍就差不多，你就可以尝试闭上眼睛一句句地过桩回忆了。"

"好吧，我试试！"

10分钟后。

"虽然我能回忆出文章的大体意思，但是太生疏了，这根本达不到老师的要求啊！"素素说，"而且经常有个别单词遗漏或者错误。"

"不要着急，这是很正常的，你要一下子就记得一字不错，你就真成仙女了！"珊说，"我们不是还有法宝'速听'吗！"

"管用吗？"

"你先用原速听一遍，要听清每一个单词。然后开始加速播放，一直加到三倍、四倍。如果在四倍速的时候你还能听清每一个单词，而且大脑还能跟得上过桩的思路，那就没问题了。"

"光听就可以吗？"

"一边听，一边在大脑中过桩子和图像啊！"珊说，"因为在四倍速的时候，我们的熟悉程度肯定跟不上播放的速度。但是当我们这样听上几遍以后，你突然放慢到原倍速去听，就会发现你回忆原文的速度已经可以超过机器了！"

"好，我试试！"

物理化学相关知识的记忆

恩和小克都喜欢上化学课，因为化学老师总是会表演一些"魔术"，比如，让透明液体变成红色，又让红色的液体再次变得透明。但是，化学除了这些有趣的科学实验，还有许多需要背诵的知识点。

这天晚上的作业就是记这些东西。

金属活跃强弱顺序表：

钾 钙 钠 镁 铝 锌 铁 锡 铅 氢 铜 汞 银 铂 金

"这怎么记啊？"小克又发牢骚说，"好多字我都不认识。"

"这个很简单，我告诉你一句口诀，你马上就能记住。"

"哦？！真的？"

"听好了！"

嫁给那美女，身体细纤轻，统共一百斤

（钾钙钠镁铝，锌铁锡铅氢，铜汞银铂金）

"这个方法好，可以用来记元素周期表吗？"小克说着翻到了化学书的最后一页。

"这东西怎么记？"小克问。

"其实越复杂、越没有规律的东西，越能彰显记忆法的优势！"

"你想表达什么意思？"

"比如，越是生涩的古文我们记忆得就越快，当然这个快是相对的。"恩解释道，"记一篇现代文，别人用15分钟，我们用记忆法可能需要10分钟。但是如果记古文，像《核舟记》，别人用1小时，我们可能只用20分钟甚至更短的时间。"

"哦，这个我知道，如果没有记忆法，要记1000位圆周率，估计一年也记不下来！"

"对，所以对于会记忆法的人来说，记住元素周期表根本不算什么。"恩说，"但是我们还需要解决一个问题，就是快速地查找。"

"这又是什么意思？"小克说。

恩哈哈一笑，"我们记忆这个元素周期表是为了记住每个元素的化学价，也就是它在这张表格中的位置。所以，我们不但要记住，还要快速地知道第几号元素是什么，哪个元素排在几号。"

"哦，"小克说，"怎么解决这个问题呢？"

"数、字、编、码！"恩一字一顿地说。

"具体怎么解决，赶紧说！"

"很简单！"

【注】元素周期表的记忆，请大家参考本书前半部分关于元素周期表记忆的相关内容。在此仅附上"元素周期表助记词"。

112个元素的助记词（其中所用数字编码以作者常用编码为例）

01铅笔：青海里皮棚

06哨子：碳蛋养富奶

11筷子：那没驴归林

16石榴：柳绿芽加盖

21鳄鱼：抗抬翻各猛

26柳树：铁鼓捏铜心

31鲨鱼：夹着身吸嗅

36山鹿：刻螺丝一刀

41丝衣：泥木得俩老

46鲜肉：八银鸽音戏

51武艺：替弟点仙色

56蜗牛：背篮石扑女

61摇椅：破山有嘎特

66绿豆：滴火耳丢衣

71金鱼：炉哈痰无来

76犀牛：鹅一波进宫

81蚂蚁：它铅笔颇爱

86八路：东方雷阿土

91球衣：普友拿不没

96油篓：拒赔开爱费

101 猪八戒：门诺老露肚

106 沙和尚：洗不黑麦达

111 伦哥

"我还有个问题。"小克说，"我记住这些元素的顺序了，但是在化学中我们经常用的是它们的英文缩写，这个怎么记？否则我不认识它，它也不认识我。"

"是的，这确实是个问题。"恩说，"我是这样解决的。"

第一种：对于中文发音和英文缩写的英文发音相同的，直接按英文发音习惯进行记忆。比如：

锂——Li、钠——Na、镥——Lu、铋——Bi、钋——Po

第二种：单字母的可以单独来记。我们可以用拼音法或者借助类似的谐音法来记忆。比如：

氢——H：很轻。"很"的拼音首字母是H。

硫——S：石榴。"石"的拼音首字母是S。

钨——W：钨丝

碳——C：常谈

磷——P：毗邻

氮——N：孬蛋

钾——K：盔甲

碘——I：爱典

氧——O：欧阳

钒——V：喂饭

铀——U：UFO

氟——F：福气

钇——Y：艺术

硼——B：宾朋

第三种：其他没有规律的，可以用拼音法或者拼音首字母的谐音来记。比如：

钙——Ca：拼音"擦"。缺钙就是因为经常擦身上的钙。

硅——Si：拼音"死"。一只死龟。

金——Au：拼音"啊捂"。看到金子惊讶地"啊"一声赶紧捂住嘴巴。

银——Ag：拼音"阿哥"。阿哥一张嘴，满口是银牙。

镁——Mg：拼音"米格"。米格战斗机是美国人发明的。

汞——Hg：拼音"好怪"。汞是液体可它居然是一种金属，真的好怪。

"我觉得有些元素你设计出来的联想实在是太差了！"小克说，"根本就是既不形象又不好记。"

"每个人的思维习惯和图像风格是不一样的，有的人喜欢唯美的东西，有的人喜欢暴力。有的喜欢童话色彩，有的喜欢宏大场面。所以，我们最好还是根据自己的习惯去设计和构建适合自己的图像。"

"可是有时候自己设计太耗费脑细胞了！"小克说，"总想拿别人现成的来用。"

"那就不要挑三拣四的！"恩说，"就像是吃饭一样，要不就自己去做适合自己口味的。如果懒得做，想吃现成的，就不要对别人做出来的饭挑毛病，怪这个咸了、那个淡了的，不喜欢吃自己做！"

日常生活琐事的记忆

"小克，晚上妈妈的同事要带孩子一起来咱们家吃火锅。"大玲冲小克大喊道，"一会儿和我一起去超市采购晚上吃的东西。"

"买很多东西吗？"小克在里屋喊道，"你自己去不成吗？我好不容易睡个午觉！"

"都几点了，你还睡！"大玲喊道，"赶紧拿笔和纸过来，我要列出需要买的东西，省得到超市忘了！"

"要买多少东西啊，还需要笔记！"小克懒洋洋地问。

"十几样呢！"大玲说，"你动作快点行不行？笔和纸！"

"你这么着急不会自己拿呀！"小克很不情愿地拿着笔和纸来到餐桌旁，然后又一屁股坐了下来。

"羊肉，火腿，土豆……"大玲一边嘟囔着，一边在纸上写着，一会儿，就在纸上列出来了十几样东西。

羊肉，火腿，土豆，香菜，菠菜，麻汁，火锅底料，蘸料，大蒜，可乐，啤酒，面条

"就这么多？"小克等大玲写完，问道。

"这还少啊？！"大玲说，"到了超市没准就把啥东西忘了。"

小克拿着大玲写好的纸条读了两遍，说："行了，不用带，我已经记下来了。"

"你吹牛吧？"大玲不相信地说，"你背一遍我听听！"

小克轻松按顺序背了下来，大玲惊讶地张大了嘴巴，说，"儿子，你真行啊！看来这一个暑假是学到真功夫了！"

"小菜一碟！"小克顺势高傲地一甩头。

记忆这12种东西确实很简单，只需要12个桩子就可以搞定了。而对于超市购物清单类型的材料，最简单而且最好用的地点桩就是人体桩。我们只需要将这12种商品分别挂接到我们身体的12个部位就能轻松记忆下来。

头顶：头顶上顶着一袋子羊肉。好恶心，羊肉都要化了，往头发上流水。

眼睛：眼睛里插着火腿，好疼的感觉有没有？

鼻子：鼻孔里插着土豆条，是不是想打喷嚏？

嘴巴：嘴巴里咬着香菜，香菜根还在外面。

耳朵：耳朵里长出来菠菜，菠菜叶长到耳朵外面来了。

肩膀：一边一瓶麻汁，好香的感觉。

双手：双手拿着一袋999牌火锅底料，已经掰成了两半。

前胸：胸前挂着两袋蘸料，一袋辣的，一袋不辣的。

后背：后背上背着一辫子蒜。什么是一辫子？不懂的肯定没去过菜市场。

大腿：两条大腿间夹着一大瓶可乐。

小腿：两条小腿各绑着一小瓶啤酒。

双脚：双脚上面有好多面条，面条掉到脚趾头上，是不是很恶心？

如果我们的购物清单比12个还要多，可以把"胳膊、肚脐、屁股、膝盖"等部位再加进去当作地点桩。

三天后珊要和父母一同去某山区旅游一周，今天晚上一家人正在计划行程，并罗列出行需要带的东西。

自驾用：驾驶证、行驶证、加油卡、导航仪、车载小冰箱、音乐CD盘

日常用：雨伞、手机、钥匙、钱包、证件、充电器、备用电源

补给用：水壶、奶糖、火腿肠、面包、饮用水、啤酒、方便面

住宿用：换洗衣物、防蚊虫药、帐篷、防潮垫、夜营灯、洗漱用品

旅游用：对讲机、登山鞋、户外装备、太阳镜、防晒霜、泳衣

紧急用：感冒药、退烧药、消炎药、止泻药、急救包、拖车设备

老爸列出了满满的一页，珊拿过来，看了一会儿说："老爸，我已经全部按分类记下来了。"

老爸知道珊学过记忆法后记忆的速度很快，但是没想到这么快。他看了珊一会儿，说："怎么记的，教教老爸如何？"

"很简单，每个分类找一个房间就搞定了。"珊轻描淡写地说。

找6个房间，每个房间10个桩就可以。如果需要明确地分类，就把6个分类转换成6个图像，挂在每个房间的第一个桩子上。

......

其实记忆法万变不离其宗，只要掌握了六大方法，就可以把任何需要记忆的信息进行分析、编码、转换、存储。

在日常生活中，我们有很多需要记忆的东西，手机号、银行卡号、QQ号、人名、地名、重要事件的时间和地点、相关的规章制度、办事流程等。只要按照记忆法的流程去一点点记忆，都可以储存进我们的大脑，在需要的时候就可以任意地提取了。

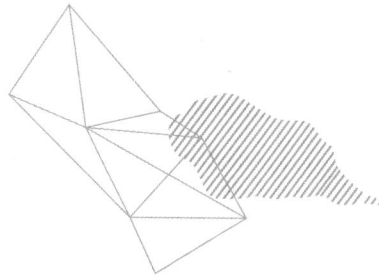

快速数字记忆

在前面的章节中，我们已经对圆周率的记忆做过详细的说明。按照本书中介绍的方法，只要坚持去训练，就可以轻松记下至少500位圆周率。我们的一个学员曾经用串联的方法记住了5000位圆周率，这也算是国内无人能比的纪录了。

打住！我知道你想说什么！

国内圆周率记忆的纪录保持者是武汉大学的一位大学生，记了68000位！

可是他用的是定桩法。

这种方法记圆周率的速度会快很多，缺点是必须准备足够多的桩子。按照惯例，每个桩子上可以放2个图像，也就是可以存储4位数字，你只需要准备20000个桩子，就可以轻松记下80000位圆周率了。

就这么简单，这就是马拉松数字最基本的方法，不管中间的应用细节上有什么技巧和区别，目前国内的所有大师和高手都是采用这套方法。

第一步：数字编码。

这一步前面已经做了详细的介绍，不过大师们的数字编码就有些不同了。如果是马拉松数字，这一点倒不是必需的，但是快速数字就必须对原有编码系统进行优化了。

这里我们必须提到一个人，多米尼克·奥布莱恩。因为现在很多大师所采用的数字编码（包括后面一节讲到的扑克编码）都称为"多米尼克编码系统"。

一般情况下，我们都使用两位编码系统，就是说数字编码只有00～99这100个数字编码。部分国家的选手采用三位编码系统，这个和选手使用的语言特点有关系，在这里不作详细介绍。

这里重点介绍一下"多米尼克编码系统"。国内也有人将这种编码称为"万码系统"，就是把数字编码由100个升级为10000个。

听起来是件不可思议的事，实际上这种方法很巧妙、很科学。

方法是这样的：在编码的时候，对每一个数字都定义两个编码，且两个编码必须遵守这样的原则：一个是人物，另一个是物品。在定义人物的时候，给每一个人物赋予一个标志性的动作，比如咬、推、踢、砍等。

这样定义编码的目的，就是快速形成10000个编码系统。

比如：

15的编码是：英武（一个英雄，比如令狐冲），鹦鹉

40的编码是：司令，四轮车或者小汽车

这样我们就很容易创造了另外的两个四位数编码。

1540的编码是：令狐冲一剑劈开一辆汽车

4015的编码是：一个司令正用枪指着一只鹦鹉的脑袋

所谓的万码系统就是不断对这10000个数字编码进行强化和重复，直到每次出现1540都是一个固定的画面，就像是把"令狐冲用剑劈汽车"做成了一个小的雕塑一样，已经固定成形，不会再改变了。也就是说，当你再看到1540的时候，并不是先反应出15和40两个编码的图像，然后经过左脑的推理进行图像联想和组合，而是直接由1540反应出那个组合好的图像。

当然这个过程是很漫长的，需要相当长的时间和精力来训练，而且要反复对每个数字的编码进行优化。因为100个东西的区别还是很大的，但是100个人物的区别相对较小。三叔和二舅在大脑中的形象可能并没有太大的区别，做出动作的究竟是三叔还是二舅，有时候很难区别。这就要求我们在编码的时候，更注重于动作的设计和处理，要求认真地雕琢和放大每一个动作的特点，直到每一个动作都有明显的区别和独有的特点。

然后就是非常枯燥而无聊的训练了。

你可以用电子表格做一个100×100的数字表，然后组合出10000个数字编码，刚开始可以先按顺序进行读码的训练，然后就是随机排列这10000个数字，进行读码训练。

当每个编码（每4位数）的出图速度都在秒级以内的时候，就可进行记忆的训练了。

其实每个大师训练到最后，都是瞬间出图的。所谓瞬间就是几乎不需要时间。

什么意思？就是当我们看到1540的时候，我们脑子已经不知道这个1540是什么了，只知道1540就是令狐冲劈汽车。

这似乎是在大脑里学会了另一种语言，这种语言没有发音，只是图像和数字。这就是很多人梦寐以求的消声状态。

1540不再是"一五四零"这个发音，而是和数字没有任何关系的"1540"的符号，它对应的图像就是那个。哪个？令狐冲劈汽车。但是我们已经叫不出名

字，只留下脑子里的那个影像。

我们都变成了哑巴，不是真哑巴，但比哑巴还严重。不光嘴和声带不会发音，脑内都没有声音了。

有人会问：老师，什么时候能训练到这种境界？

答：有的人需要一个月，有的人需要半年，而有的人一辈子也练不出来。

第二步：图像挂桩。

数字记忆分为两种。一种是快速记忆，就是1分钟记忆100位甚至更多的数字。另一种是马拉松数字，就是1小时内记尽可能多的数字。这两种记忆是完全不同的两种策略。

前者要的是速度，所以对读图、挂桩要求做到非常精准，哪怕每组数字能节约出0.1秒，也会对最后的成绩造成很大的影响。而后者最注重的是持久力，比的是大脑长期保持注意力集中的程度、大脑中桩子的数量以及稳定性。

所以，在快速记忆数字的时候，我们采用的方法与其说是挂桩，不如说是丢桩。什么意思？就是把图像往桩子上一扔，桩子就像有磁性一样，自然地把图像吸附到上面了。

这种感觉是需要长时间训练的。在快速记忆的时候，没有时间来对图像和桩子进行图像的构建和联想的，只能随手一扔。所以，我们管这种境界叫丢桩。

这要求我们对桩子也要进行优化。一是优化桩子之间的距离，在快速地从一个桩子跳到下一个桩子时，大脑中没有距离感，就像跑步一样，一步一个桩子，非常自然。二是要求我们对桩子的特点进行细化和优化，使每一个桩子都有非常明显的特征来吸附随手扔过来的图像（实际是个图像组合，就是我们前面提到的万码图像）。

这里我们有必要再提一下"黄金地点"，就是每个记忆高手都有几组非常熟悉的地点，这些地点最好不是虚拟地点，而是最熟悉的自己的家、办公室等实际生活环境中找出来的地点。要非常熟悉，而且地点之间的连贯性要好，跳跃性不大。这样，在回忆地点的时候，可以轻松做到一秒记10个地点。

有了上面的两项基础以后，我们就可以进行实战训练了。

在实际训练快速记忆数字的时候，我们没有必要一次性训练100位数字或者更多。我们只需要拿出10个地点来训练就可以，也就是40位数字。因为快速记忆追求的是速度，不是耐力，所以，如果能做到记忆40位数字只需要10秒，那么记忆100位数字绝对不会超过30秒。而如果一开始就训练记忆100位数字，实际效果和每次记忆40位数字没有太大区别，但是同样的时间我们训练的次数就少了很多。

当我们把记忆40位数字训练到一个瓶颈的时候，一方面可以尝试记忆100位来测试一下自己的水平，另一方面是通过100位数字的训练，能够冲破瓶颈，再上一个台阶。

而对于马拉松数字记忆，需要克服的不是速度问题，而是长时间不断增加新内容而不会忘记和混乱。这就要求我们对桩子有个科学、合理的管理方案。

比如，要记忆2000位以上的数字，就必须准备500个以上的桩子。按照我们每组10个桩子，至少要50组。如果按每组30个桩子，也至少需要20组。组与组之间如何进行连接，如何保证桩子之间不会发生混乱？

诸如此类的问题，在马拉松记忆时都要考虑并找到非常好的解决办法才行。

而对于像前文所说的记忆圆周率，和这个马拉松数字记忆还不是一个概念。圆周率的记忆是没有时间限制的，是个可以反复复习的过程。很多容易混淆的内容我们可以通过反复复习解决。

但马拉松数字不同，因为比赛时没有去看第二遍的机会。我们可以把速度放得稍慢，但是必须做到所有图像都是一次构建，永久固定在桩子上，至少能保持到比赛期间图像不丢失。因为比赛时，我们必须在有限的时间内记得更多，没有复习的机会。

快速扑克记忆

近几年，由于媒体的曝光率提升，大家对快速扑克记忆项目更加熟悉了。记忆大师王峰的17秒快速扑克记忆世界纪录，更是让大家记忆犹新。那么这些大师和牛人是如何做到在这么短的时间内快速记住一副洗乱的扑克牌的顺序呢？

在这里对大师们常用的方法做个简单的介绍。

其实所有的记忆方法都是一样的。都遵循我们记忆的4个步骤：

转化——联结——定桩——整理

扑克的快速记忆也是按这个最基本的步骤来完成的。只是扑克在转化的过程中，与其他的信息转化有些不同。这主要涉及扑克牌的编码系统。

扑克编码是基于数字编码的一种编码。一般情况下，国内比较流行的扑克编码方法是这样的。

第一种是借鉴的数字编码。

这编码方法是把扑克牌分为两类：一类是A到10的点牌，另一类是J，Q，K和王牌。一般的扑克训练和国际扑克记忆比赛中不使用王牌，只用52张。

扑克牌的编码是把花色和点数分开处理的。

"黑桃♠、红桃♥、梅花♣、方块♦"4种花色分别用数字1、2、3、4来表示。点数中，A为1，2~9分别是自身数字，10为0。花色为扑克编码的第一位，点数为第二位。这样一张扑克就变成了一个二位数字。比如：

红桃9：红桃为2，9为9。那么红桃9就相当于数字29。

梅花10：梅花为3，10为0。那么梅花10就相当于数字30。

之后将对应的二位数字按数字编码表转换成图像。

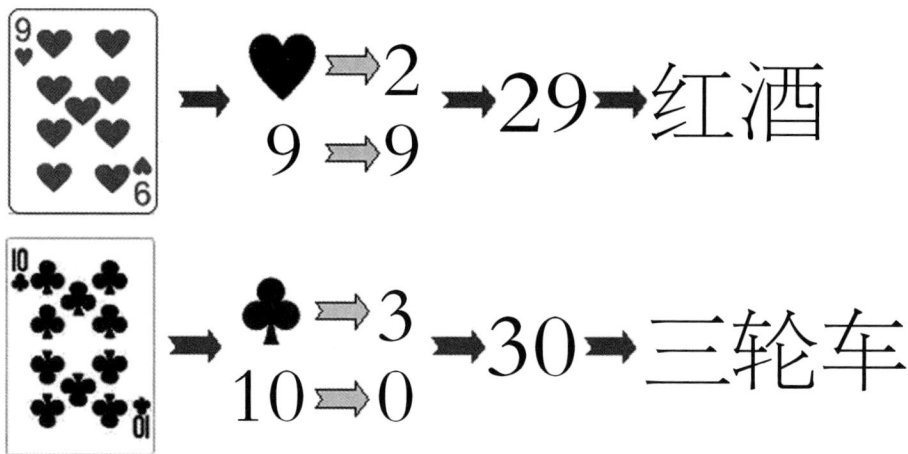

♥9 → ♥ ⇒ 2 ， 9 ⇒ 9 → 29 → 红酒

♣10 → ♣ ⇒ 3 ， 10 ⇒ 0 → 30 → 三轮车

这种编码的特点是两次转换。就是说要把一张扑克转换成对应的图像编码，需要经过两次转换。一是先把扑克转换成一个两位数字，二是再把两位数字转换成对应的图像编码。

我们通过反复地读牌（和数字的读码一样，就是看着扑克，然后在大脑中出现对应的图像），可以逐渐做到由扑克直接反应出对应的图像。

对于J，Q，K 的编码，一般的做法是定义为三组人物或者卡通形象。J可以是神奇四侠，Q可以是四个美女，K可以是西游记中的四个主人公。

在完成扑克牌的编码之后，需要像训练数字一样进行读牌的训练。就是看到一张牌，迅速在大脑中反应出它对应的图像。为了提高读牌的速度，需要对编码进行不断的优化。也可以对部分编码进行重新设计，比如，红桃9可以定义为红酒，梅花3可以定义为煤山，黑桃10可以定义为黑石，红桃Q可以定义为红球等。

要达到的效果就是原来的两次转换编码的过程变为直接形成图像的过程。

第二种是专门的编码。

就是说我们为了把两次转换变成一次转换，可以对扑克牌重新进行编码。

编码的方法可以借鉴数字编码的原则。

比如，谐音法。

红桃9，发音为红9，我们就可以把它的编码定义为"红酒"。

梅花10，发音为梅花10，我们就可以把它的编码定义为"化石"。

黑桃7，发音为黑7，我们就可以把它的编码定义为"黑棋"。

对于J，Q，K，是单独编码的。一般情况下，会把J，Q，K定义为三组不同的人物形象。

在我的扑克编码系统中，4个K的编码就是西游记中的4个主人公。

黑桃K：猪八戒

红桃K：孙悟空

梅花K：沙僧

方块K：唐僧

J和Q也一样，找两组有代表性的人物或者卡通动画中类似的人物形象。

问题是如何更快速地熟悉这些扑克的编码，达到瞬间出图的效果呢？

一是不断地在编码和扑克的角码（就是花色和点数）中找特点，就算是生搬硬套也要找到特点让两者结合起来。

比如，上面的4张扑克：

黑桃K：猪八戒。猪八戒最黑，所以是黑桃K。

红桃K：孙悟空。孙悟空的脸有点像一个红心的形状。

梅花K：沙僧。沙僧脖子上念珠的形状就像是梅花。

方块K：唐僧。唐僧头上的那顶帽子，方方正正、有棱有角，就像方块。

二是不停地优化编码，并用一副牌反复洗乱进行读牌训练，一直训练到读一副牌只用30秒或者更短的时间。

而扑克牌的记忆一般采用地点桩，跟数字的记忆一样，每个桩上放两张扑克，用26个桩来完成一副扑克的记忆。

对于一些有特殊用途、需要长期记忆的扑克顺序，可以考虑用串联的方法进行。比如，魔术表演中用到的ORDER牌，我就是用串联的方法来记忆的，这样可以随时调出来用。

用串联联想的方法记扑克牌，和记数字有一个最大的区别，就是图像没有重复的。因为54张扑克中没有重复的牌，所以在整个图像链中每个图像都是单一的。这就不用担心出现在记忆圆周率的时候，好多的图像在图像串的不同位置反复出现而导致混乱的问题。

定桩

记扑克一般情况下会准备专门的桩子。因为记数字的桩子可以为10个一组或者25个一组，而记忆扑克所用的桩子都是26个一组（正好可以记忆一整副扑克）。

一般情况下，我们采用两张扑克挂一个桩子的方法进行定桩。

提高

关于扑克快速记忆，除了要一套编码外，还需要一些其他技巧的配合。特别是想把速度提高到一分钟之内记一副扑克牌，就需要对编码作二次优化。国际上比较流行的是多米尼克编码系统，主要通过提高编码的转换效率和使用双编码系统来完成。

为了提高扑克的读牌和定桩的速度，我们仍然需要对扑克进行多米尼克系统编码。方法和上一节中讲到的数字多米尼克编码原理是完全一样。只是这次没有10000个编码，只有$52 \times 52 = 2704$个。

很多大师在交流和分享的时候说，其实并没有必要完全记住这2704个编码。我们只需要给每张牌定义两套编码，一套是一个人物动作，另一套是一件物品，然后经过反复训练，做到人物动作和物品的交互作用逐步固定，基本上就可以投入实战应用了。

同样，对扑克快速记忆的训练，刚开始没有必要每次都记一整副扑克，可以只记10张扑克。如果练到10张扑克5秒就能记完，那么记一整副扑克的速度也基本上是倍数关系了。

扑克牌的快速记忆是记忆大赛的比赛项目，是真正考验一个选手记忆能力的一个项目。此外，扑克记忆还需要手指动作的配合，因此如果各位读者时间允许的话，建议大家花一些时间来训练一下扑克牌的记忆。

即使没有参加比赛的打算，训练一下，对提高大脑的图像感和编码处理能力也很有好处。如果能把记忆一副扑克的时间训练到一分钟之内，也算是一项一般人不能超越的特殊才艺了。

各种记忆类绝技绝活大揭秘

如今，各种记忆类的绝技、绝活开始走上电视娱乐节目。比如，短时间内记忆钥匙的锯齿，记忆指纹、记忆二维码，甚至记忆眼睛的虹膜。

这些看上去非常牛的技能到底是怎么训练出来的，是电视作秀还是真本事？

现在，我就给大家透露一些这方面的基本原理和训练方法。

其实，在平常人眼中看上去越难的东西，在记忆大师的眼中就越简单。这一点读者在前文关于古汉语记忆的介绍中已经有所了解。越容易记的东西越不容易彰显出记忆大师的水平。

所以，电视上的各种表演就是故意找了一些对普通人来说几乎是不可能完成的记忆项目，然后让大师们进行记忆的表演，以达到让观众震惊的表演效果。

我们就先来看看最令人头疼的指纹的记忆。

指纹的编码系统：

A		B
	中心	
C		D

任何复杂、无规律的图像，都可以用编码的方式来转化记忆。也就是说，我们要把这些看上去杂乱无章的指纹图像转换成一串数字。

编码的方法有很多。每个人都有自己对编码的理解和方法，不能说哪一种更好或者更不好。适合自己的就是最好的。

这里只是为了抛砖引玉，给大家简要介绍一种编码的方法。

大家都知道指纹分为"斗形"和"簸箕形"两种。指纹中心的开口偏向一侧的称为簸箕形（上面三个指纹）；中心成螺旋状、无明显开口的称为斗形（下面的三个指纹）。

这个明显的特点可以用来定义指纹的第一位编码：

斗形：0　　簸箕形：1

不管是斗形还是簸箕形，指纹都有一个中心点，即斗或者簸箕的中心。但是有的指纹的中心点明显偏离整个指纹图像的中心，有的则基本处于图像的中心。（这个特点只适用于印在纸上或者已经采集好的指纹图像。如果观察我们手上的指纹，簸箕或斗基本上都是位于手指肚的正中心位置的。）我们根据这个特点，定义出指纹的第二位编码：

位于中心：0　　偏离中心：1

然后来观察A，B，C，D四个角的区域的特点。

一般不外乎这么几种情况：

线条是基本平行的还是交叉的？

线条是基本连续的还是明显有断开的点？

线条是偏向于横向的还是纵向的？

线条是干净的还是有很多散落的点？

我们可以选择其中的两个或者全部特征来进行编码，这样每个角形成一个编码，四个角就形成了一个四位的编码。加上前面中心点的两位，一个指纹用六位数位的编码就搞定了。

如果还不放心，可以再加一个校验码，就是这个指纹的整体形象我给他打几分，这个我们可以任意评分，没有理由和依据，喜欢就是原则，可以定义20、40、60、80、100这5个标准，分别用5个图像来代表。

这样一个8位数字组成的指纹编码就产生了。我们在记忆指纹的时候，只需要把这个8位的数字和姓名进行匹配就可以了。

微观世界的记忆

下面这5枚鸡蛋有什么区别？

不都是鸡蛋吗?

区别大了!

电视上类似的挑战类项目很多,看鸡蛋的、看水的、看树叶的、看电视雪花的、看牌背的,等等。所有的这类节目都称为微观记忆。

就是找到相似物品的细微差别,这个细微就是我们平时不太注意的很小的区别。比如,上图中的鸡蛋,看上去都是椭圆形,个头也差不多,除了颜色稍微有一点儿区别外,似乎没有更多不一样的地方。但是如果我们把鸡蛋放大、放大、再放大,仔细观察每个蛋壳的纹理,就会发现每一个鸡蛋都不一样,就像人的指纹一样,千差万别。

虽然我们看到的是黑白图片,但仍然可以看出很明显的区别。如果是彩色的照片或者拿实体的鸡蛋去仔细观察,区别就更大了。

有的鸡蛋颜色浅,上面有很多深色的噪点;有的颜色相对深一些,上面就会有些浅色的噪点;也有深色底色加深色噪点的,如上图中最左边的那一枚。

再仔细观察,除了这些均匀的噪点外,还有很多不规则的、偶尔出现的数量不多的噪点(如下图)。

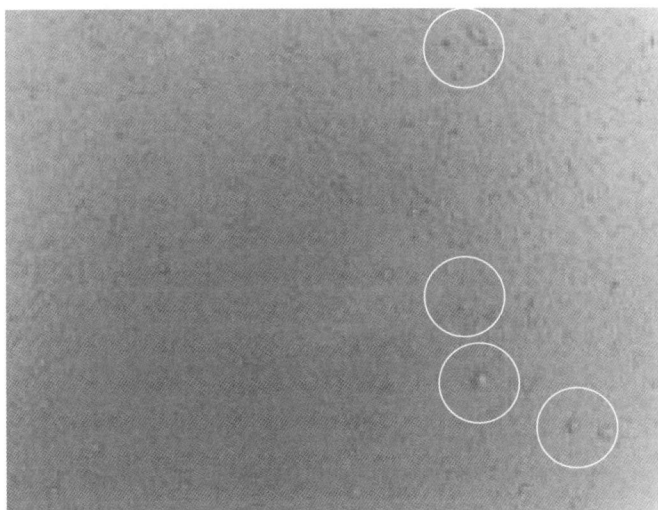

这些噪点才是每个鸡蛋区别于其他鸡蛋的重要标志。当我们仔细观察的时候，每个鸡蛋都不一样，这就很容易找到区别于其他鸡蛋的地方，并记住它们。

其实，要记住一个鸡蛋的这些细微特征，并从很多鸡蛋中把它找出来，观察所用的时间有几十秒甚至几秒就够了。

这种方法适用于观察任何看上去完全一样的东西。只要我们能够用心去观察和发现其中的区别。

其实所有记忆类的项目都是运用编码，特别是静态的信息。不管是二维码、树叶、眼睛的虹膜，甚至花生壳等，都可以找到规律和区别并进行编码。所以不管什么信息，最后记到脑子里的都是一串数字编码。

比较难的挑战项目是动态信息的记忆，比如，记忆物体运动的轨迹、记忆各种活体动物的相关信息等。虽然这些项目和记忆相关，但是由于能够用于观察和记忆的时间太短了，对选手来说是一项真正意义上的挑战。

而其中，肯定运用到了更加高效的记忆技巧。

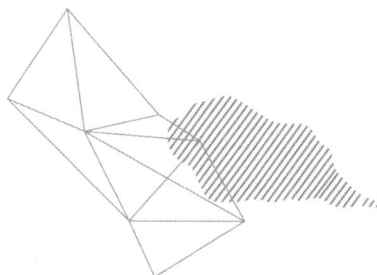

附　录

国内记忆大师常用的数字编码表

数字	参考图像	数字	参考图像	数字	参考图像
0	鸡蛋、手镯、气泡	27	耳机、二汽	64	流食、螺丝
1	铅笔、烟囱、树	28	恶霸、二爸、荷花	65	锣鼓、尿壶
2	鸭子、蛇	29	鹅脚、恶酒、二舅	66	悠悠球、绿豆
3	耳朵、弹簧、伞	30	三轮、三菱	67	楼梯、油漆
4	红旗、国旗、令旗	31	鲨鱼、三姨	68	萝卜、喇叭
5	钩子、手套、手	32	伞儿、仙鹤	69	辣椒、太极
6	哨子、豆芽	33	雨伞、海山	70	麒麟、"70后"、冰激凌
7	拐杖、手枪、镰刀	34	山石、三思	71	奇异果、建党、金鱼
8	葫芦、麻花	35	珊瑚、555香烟	72	企鹅、苏乞儿
9	勺子、气球	36	山路、山鹿	73	鸡蛋、奇山、奇扇
00	眼镜、耳环、望远镜	37	山鸡、三七	74	骑士、奇石
01	灵异、001天线	38	妇女、伞把、沙发	75	积木、奇物、起舞
02	赵灵儿、铃儿	39	999药、散酒	76	犀牛、气流
03	灵山、岳灵珊、零散	40	司令、奥迪	77	蒙奇奇、七喜
04	零食、灵寺	41	司仪、死鱼、丝衣	78	西瓜、奇葩、青蛙
05	领舞、灵物、灵屋	42	柿儿、银耳	79	气球
06	灵鹿、领路	43	雪山、石山	80	"80后"、巴黎、花环
07	令旗、灵器、007	44	狮子、石狮	81	蚂蚁、军人
08	篱笆、2008	45	水母、水壶、食物	82	拔河、白鸽、把儿
09	菱角、灵酒、领酒	46	饲料、石榴、撕肉	83	花生、爬山、巴山
10	棒球、衣领	47	司机、石器	84	84消毒液、巴士
11	筷子	48	丝瓜、雪花	85	宝物、蝙蝠
12	婴儿、日历	49	石臼、四舅、雪球	86	八路
13	医生、雨伞	50	武林、五环	87	白旗、白棋、拔起
14	钥匙、椅子	51	劳动节、武艺	88	爸爸、粑粑
15	鹦鹉、药物、食物	52	木耳、我儿	89	芭蕉、白酒
16	石榴、一流	53	牡丹、武僧	90	"90后"、酒瓶
17	食品、摇旗、石器	54	武士、舞狮	91	球衣、旧衣
18	泥巴、一霸、摇把	55	呜呜、木屋、污物	92	球儿、舅儿
19	药酒、石臼	56	蜗牛、五柳	93	救生圈、旧伞
20	耳屎、二铃、	57	母鸡、武器	94	教师、教士、教室
21	鳄鱼、二姨	58	苦瓜、王八	95	酒壶、皇帝、救护车
22	鸳鸯、双胞胎	59	五角星、五角钱	96	酒楼、酒篓、酒肉
23	和尚、二山	60	榴梿、六连环	97	香港、酒器、酒起子
24	盒子、儿子	61	儿童节、摇椅	98	酒吧、旧报
25	二胡、	62	刘二、驴儿	99	舅舅、玫瑰
26	二柳、二流子	63	流沙、刘三姐、硫酸		

作者自用的数字及扑克编码表

数字	编码	数字	编码	数字	编码	数字	编码	数字	编码	数字	编码
00	眼镜	20	鸭子	40	奥迪	60	六连环	80	花环	黑桃J	稻草人
01	铅笔	21	鳄鱼	41	连衣裙	61	摇椅	81	蚂蚁	红桃J	葫芦娃
02	铃铛	22	双胞胎	42	银耳	62	驴	82	鸽子	梅花J	机器人
03	弹簧	23	一休	43	雪山	63	流沙	83	花生	方块J	米老鼠
04	国旗	24	盒子	44	狮子	64	螺丝	84	84消毒液	黑桃Q	美人鱼
05	勾子	25	二胡	45	水壶	65	大鼓	85	蝙蝠	红桃Q	观音
06	哨子	26	柳树	46	仙肉	66	绿豆	86	八路	梅花Q	蜘蛛精
07	镰刀	27	耳机	47	火车司机	67	楼梯	87	白棋子	方块Q	哪吒
08	葫芦	28	荷花	48	雪花	68	萝卜	88	爸爸	黑桃K	猪八戒
09	大勺	29	红酒	49	雪球	69	辣椒	89	芭蕉扇	红桃K	孙悟空
10	棒球	30	三轮	50	五环旗	70	麒麟	90	酒瓶	梅花K	沙和尚
11	筷子	31	鲨鱼	51	武术	71	金鱼	91	球衣	方块K	唐僧
12	婴儿	32	仙鹤	52	木耳	72	企鹅	92	篮球	大王	龙（虎）
13	医生	33	雨伞	53	牡丹	73	鸡蛋	93	救生圈	小王	蛇（猫）
14	钥匙	34	石头	54	舞狮子	74	骑士	94	教师		
15	鹦鹉	35	555香烟	55	木屋	75	积木	95	救护车		
16	石榴	36	梅花鹿	56	蜗牛	76	犀牛	96	酒篓		
17	长颈鹿	37	三七	57	母鸡	77	棋盘	97	酒器		
18	麻花	38	沙发	58	苦瓜	78	西瓜	98	旧报纸		
19	斧头	39	999冲剂	59	五角星	79	气球	99	啤酒		

尾 声

笨鸟根本不想飞

一个故事就这样突然结束了。

尽管我写了删，删了又写，反反复复地修改了很多次，还是想不出一个能让我感觉满意的结尾。那就这样结束吧，因为这原本就不是故事。

我们也没有必要为文中的主人公担忧，因为这些人物都是我虚构出来的，但是我相信你肯定能从其中某个人身上发现自己的影子。

我所描写的几个主人公，只不过是我们身边不同性格、不同类型学生和家长的代表。这几个少年有的坚持、有的懒惰、有的随意、有的刻薄。有的家长能够反思自己，能够学习和成长，所以将来他们的孩子必会受其影响也越来越优秀。有的家长只会天天抱怨，满腹牢骚，一副全世界都错了只有他自己是对的样子。

这使我想起那个笑话，说世界上有两种鸟儿（家长），一种是自己会努力高飞，然后总结经验并教会自己的后代如何能飞得更高更远；而另一种是自己从来没想过要飞，只是趴在窝里拼命地下蛋，然后指望自己的后代将来能够飞起来，并天天连打带骂地责怪后代为什么这么不争气。

其实每个孩子都希望自己能考出一个好的成绩，考上一所好的大学，但是每个孩子在考上大学之前的这段努力过程，其动机都是不一样的。

有的人考大学就是只为考大学，有的是迫于老师和家长的压力，有的是因为一股不服输的精神，而有的只是觉得大家都在学习，我也只能随波逐流了。只有极个别的孩子有着明确的目标。我们曾经辅导过几个这种类型的学生。他们的目标根本不是什么名牌大学，而是认准了要在某个行业成为精英。

无论是在小学、中学、大学，还是将来走上社会，优秀的人在人群中始终是少数，将来能够成为成功人士的更是少数。

优秀了不一定都能成功，但成功者一定优秀。

任何一个成功者、一个优秀的人永远在走一条孤独的路。因为你将会不断地超越你身边的同学、朋友、亲人，把他们一步步甩开，去追逐那些比你更优秀的人。然后重复这个过程。

近朱者赤、近墨者黑。我们都认同这个观点，但更多的并不是别人的优秀影响了我们，而是我们在不断地模仿他们，然后超越他们。

作为学生，当你突然有一天想从混乱不堪的生活状态中走出来，去努力做一个好学生的时候，必然会有太多曾经的死党和哥们儿会对你冷嘲热讽。这时候你是孤独的。

没有人能帮你，你必须要独自一个人在鄙视和嘲讽中强大起来，坚定地并且默默地直起身、咬紧牙关向着更优秀的目标迈进。因为只有你真正实现逆袭，你才有资格和勇气来为自己的行为辩解，否则你会输得比你想象的更惨。

作为一个走上社会的成年人，当你有一天突然厌倦了这种醉生梦死的无聊生活，决定开始学习、努力和奋斗的时候，将会有更多的同事、朋友甚至家人开始给你泼冷水，并告诉你现实的残酷、社会的不公、人情的淡漠等。这时候你是孤独的。

没有人愿意陪你，你必须一个人在众人的不懈和冷眼中坚定起来，不管结果如何，都要趁着自己年轻去拼、去努力、去坚持。虽然将来真正能成为成功者的只有那些所谓的幸运儿，但是上天在给予人们机会的时候，只会选择那些曾经相信上天会眷顾自己，并为此付出了远超过别人多倍努力的人。

努力了，不管结果如何，上天会给你很多尝试的机会；不努力，上天根本不会看你一眼。

我始终相信一个定律，就是在人群中真正努力想让自己优秀的人永远不会超过20%。所以只有少数人能考上重点高中，重点高中里面也只有更少数的人能考上北大、清华等名校，将来从名校走上社会以后，能真正做成事的人也寥寥可数。

努力的永远只是少数人，但是只要你能够坚持在这条路上前行，你就永远是这少数人中的一个。

优秀，有时候也意味着孤独。既然我们选择了成为优秀的人，就要坚定地在这条路上走下去。因为你会不断结识更多比你还优秀的人，并会不断超越自我，一直向前。

更重要的是，你能欣赏到平庸者永远看不到的风景。

也许这才是努力的真正意义。

走向辉煌

立一个宏图大志是非常容易的，但是要真正实现一个小小的目标又谈何轻容易。

一边是学习的压力，一边是各种娱乐的诱惑，一边是枯燥和机械的训练。

我要坚持！

我想放弃！

文中的少年恩已经对这个学校级别的圆周率大赛没什么兴趣了。他已经在努力训练更多的内容，因为他的目标是参加世界脑力锦标赛。

目前他还不想把这个消息告诉另外的三个伙伴，也没有和林子沟通。但是他明白自己一定会去参加这个比赛，他不仅要拿到世界记忆大师的头衔，他还要让自己站在世界记忆领域的巅峰。

这条路还很长，至少在别人听起来还是天方夜谭。他连城市赛还没有参加呢，中间还要经过城市赛、区域赛、全国赛，才能跨进世界脑力锦标赛的大门。

但是恩知道，他明白自己选择的注定是一条在他同龄的伙伴中没人愿意走的路，是一条孤独的路。

但他已经下定决心，不管这条路多难多长，他都要坚持走到终点。

没有人理解，没有人支持，没有人明白，他却毅然选择了这样的一条路。

因为不管这条路多么艰难，它终将通向辉煌。

结　局

写到这里，先让这个故事告一段落吧。

作为读者的你们，记忆法练习之路才刚刚开始。

亲爱的读者，不管你现在的状况是像文中好吃懒做、成绩几乎垫底的小克，还是像严于律己、自觉上进并且出类拔萃的学霸珊，这都没关系。我们的生命才刚刚开始，我们的学习之路还很长。

这是一段没有终点的长跑，我们只是在之前的一段表现好或者不好，后面的路还很长。

翻过这一页，重新开始！

或许你的性格像文中的主人公恩，有自己的主见，能在关键的时候作出正确的选择，并坚定地在自己选择的路上走下去；或许你的性格像文中的素素，生活随性，随波逐流，没有主见，喜欢被别人安排的生活，这都不重要，重要的是我们不能放弃追求进步和追求心中梦想的权利，不能放弃改变现状并让自己更加优秀的机会。

也许当你读到这里的时候，你有很多的失望，对故事失望，对方法也失望。

这就对了，因为世界上没有一本书能够在随意翻过之后就让你脱胎换骨。

翻完这本书，仅代表你了解了什么是宫殿记忆法，这和你能力的提高没有任何关系。要想真正地提高自己的记忆力，还需要你真正地静下心来，一个一个地亲自尝试这本书中抛弃了故事情节之外的所有方法，去训练、去复习，再尝试、再训练、再复习。

宫殿记忆法的方法不是读出来的，也不是学出来的，而是用出来的。

如果你还不明白，就反复去读每一个细节。如果你感觉已经看懂了，就去找自己需要记忆的材料来尝试记忆。

这是个费力的过程，刚开始的时候，你会感觉不仅没有节约时间，还比原来记忆的效率更低了。这是必然的，因为你的大脑增加了很多额外的工作。但是只要坚持按这种方法去做、去用，我相信总有一天，你的记忆效率会比原来提高2～50倍。

那究竟是2倍还是50倍？一是靠你的天赋，二是靠你后天的努力。

你要问我到底多久能达到那种境界，可能是2个月，也可能是3年，也许是当你手中的这本书被翻烂了的时候。

别心疼书。

把最贵的书存到书架上，把最好的书存到大脑里。

后　记

故事终于结束了。

我知道读者看到这里，肯定还有很多遗憾，比如文中提到的很多后面要讲解的内容直到现在也没有讲清楚。其实讲清楚很简单，但是后来我咨询了好几位记忆专家，他们都不建议在一本入门型的书籍里就把一些后期的训练方案公布出来。

这倒不是因为经济利益纠纷或者版权、专利等问题，而是因为初学者在还没有进行一定数量的练习之前，很难体会到那些高手在后期的训练中才遇到的困难，也就根本不会珍惜那些大师们用无数次的失败和尝试才总结出来的宝贵经验。

相反，这些后期的训练方案会给初学者一些错误的引导。这就像练武术，如果最基本的武术底子还没扎实，就学一些高招，只能助长浮华，学些花拳绣腿而已。

我相信每一个认真读完这本书的朋友，一定有自己的收获。如果你真的按照故事中的那些提示认真去练习、体验，你一定会对宫殿记忆法有一个全新的认识。

但我想说的是，不要以为看完这本书，你就是记忆高手了。就算你认识学、认真练了，充其量也只是一个对记忆术刚刚入门的新手。记忆宫殿里面还有很多更神奇、更深邃的知识等着你去学习、去探索。

必须要提的是，在这本书的编写过程中，得到了记忆力培训界很多专家的指导和帮助。特别感谢我的恩师林约韩老师和他的讲师团队，没有他们就没有这本书。感谢张海洋、黄伟、黄玉强几位大师的指导，你们让我对记忆术及相关知识的了解更加全面和客观。感谢赵静博士不辞辛劳为我校对文稿，当然更应该感谢本书编辑郝珊珊女士对我的信任和帮助，才让这本书有机会与大家见面。

本书编写过程中的众多观点仅代表本人的理解，如果有异议，请大家参考专业的学术解释。本人能力所限，在书中难免会出现错误和不足之处，欢迎大家以任何方式批评指正。

　　每个人都有属于自己的生命轨迹，我们不知道明天会走向哪里，但是今天我们不能停下脚步，更不能放弃努力。